U0173937

浪花朵朵

Measuring the World
A Visual Guide to Units

万物的尺度
看得见的单位

〔日〕丸山一彦 主编　日本儿童俱乐部 编写
高倩 译　浪花朵朵 编译

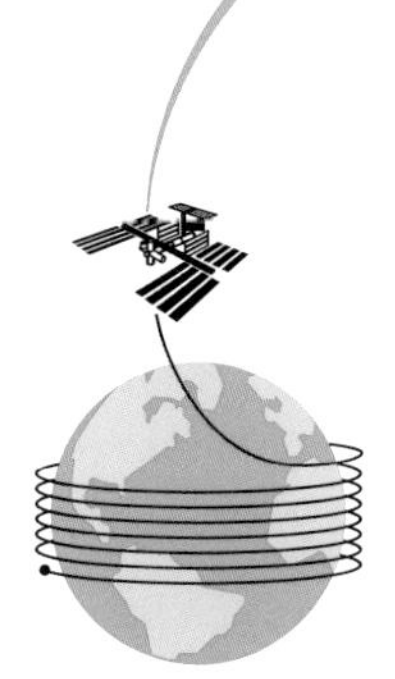

海峡出版发行集团 THE STRAITS PUBLISHING & DISTRIBUTING GROUP | 海峡书局

前　言

说起1米（m）或1千克（kg），你会想到什么？

请找一下身边长1 m的东西吧。实际上，不管是在家里，还是在户外，都很难发现刚好1 m长的东西。（→第9页)

那么重1 kg的东西呢？你可能会想到容量为1000毫升（mL）的一瓶饮料或一盒牛奶。那饮料瓶和牛奶盒的体积又有多大呢？它们的底面面积和高度你可能并不知道。如果你去测量一下牛奶盒的实际尺寸，算出来的体积会正好等于1000 mL吗？（→第26页）

这本图鉴就是通过各种照片和图画，以简单易懂的方式，介绍让人似懂非懂的“单位”。

比方说，为了让读者感受到1 kg到底有多重，本书展示出了总质量为1 kg的苹果、卷心菜、菠菜、硬币的实拍图片。（→第32页）

你知道与亮度相关的单位吗？

你或许见过“勒克斯”这个单位，那你见过“坎德拉”和“流明”吗？这两个单位就很少见了吧。不过，你读完这本书，对生活中不常见的这些单位也会有很好的理解了。（→第44～46页）

所以说，本书不仅会介绍生活中常见的单位，也会列举很多大家都比较陌生的单位，它们是用来表示什么，表示多长、多大、多重或者多强——这些知识本书都会逐一解释，让大家一目了然。

比如说，在表示地震规模的“震级”这一节中，本书会用独特的方式来说明，震级每增加1级，地震释放的能量会增加多少。（→第62页）

★

过去，同样的长度和质量，不同的国家和地区会用不同的单位来表示。单位不同带来了许多不便，随着国际交流范围的扩大，很有必要建立统一的国际单位制。尤其在工业革命后，这个问题迫切需要解决。

因此，18世纪末，长度单位“米”在法国诞生了，如今这个单位已被约180个国家采用。当时，法国人决定将1 m定义为“从地球赤道到北极点的距离的1000万分之1”（→第10页）。到了1983年，这个标准被修改，因为随着科学日新月异的发展，人们需要更加精确的单位标准。

★

翻开这本书的读者们，是不是已经感受到“单位”的魅力了呢？如果你想查阅你不明白的某个单位，这本书当然可以帮助你。但是，我们能做到的不只有这些。我们相信，通过阅读本书，你还能感受到知识带来的快乐。

那么，就让我们通过认识单位来加深对世间万物的理解吧！

本书的阅读方法

本书将详细介绍36种单位。

单位的种类和符号
说明本节的单位是用来表示什么量，以及它的符号是什么。

相关页
→有相关内容的页面的页码。

要点
用图片和照片帮助读者更好地理解本节介绍的单位。

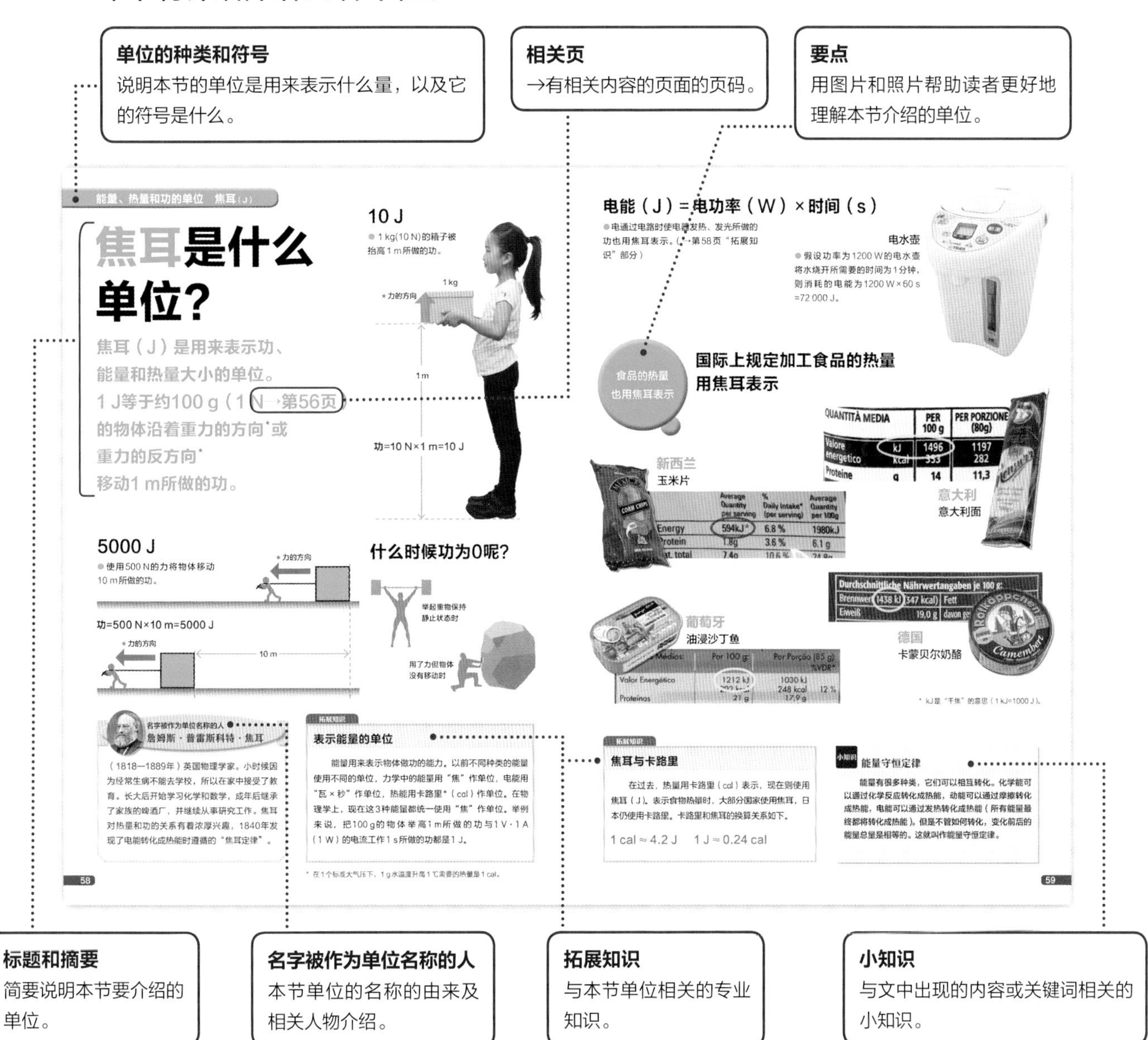

能量、热量和功的单位　焦耳（J）

焦耳是什么单位?

焦耳（J）是用来表示功、能量和热量大小的单位。
1 J等于约100 g（1 N →第56页）的物体沿着重力的方向*或重力的反方向移动1 m所做的功。

10 J
● 1 kg(10 N)的箱子被抬高1 m所做的功。

功=10 N×1 m=10 J

电能（J）=电功率（W）×时间（s）
●电通过电路时使电器发热、发光所做的功也用焦耳表示。（→第58页“拓展知识”部分）

电水壶
●假设功率为1200 W的电水壶将水烧开所需要的时间为1分钟，则消耗的电能为1200 W×60 s =72 000 J。

食品的热量也用焦耳表示

国际上规定加工食品的热量用焦耳表示

新西兰 玉米片

意大利 意大利面

5000 J
●使用500 N的力将物体移动10 m所做的功。

功=500 N×10 m=5000 J

什么时候功为0呢?

举起重物保持静止状态时

用了力但物体没有移动时

葡萄牙 油浸沙丁鱼

德国 卡蒙贝尔奶酪

* kJ是“千焦”的意思（1 kJ=1000 J）。

名字被作为单位名称的人
詹姆斯·普雷斯科特·焦耳
（1818—1889年）英国物理学家。小时候因为经常生病不能去学校，所以在家中接受了教育。长大后开始学习化学和数学，成年后继承了家族的啤酒厂，并继续从事研究工作。焦耳对热量和功的关系有着浓厚兴趣，1840年发现了电能转化成热能时遵循的“焦耳定律”。

拓展知识
表示能量的单位
能量用来表示物体做功的能力。以前不同种类的能量使用不同的单位，力学中的能量用“焦”作单位，电能用“瓦×秒”作单位，热能用卡路里*（cal）作单位。在物理学上，现在这3种能量都统一使用“焦”作单位。举例来说，把100 g的物体举高1 m所做的功与1 V·1 A（1 W）的电流工作1 s所做的功都是1 J。

* 在1个标准大气压下，1 g水温度升高1 ℃需要的热量是1 cal。

拓展知识
焦耳与卡路里
在过去，热量用卡路里（cal）表示，现在则使用焦耳（J）。表示食物热量时，大部分国家使用焦耳，日本仍使用卡路里。卡路里和焦耳的换算关系如下。
1 cal ≈ 4.2 J　1 J ≈ 0.24 cal

小知识
能量守恒定律
能量有很多种类，它们可以相互转化。化学能可以通过化学反应转化成热能，动能可以通过摩擦转化成热能，电能可以通过发热转化成热能（所有能量最终都将转化成热能）。但是不管如何转化，变化前后的能量总量是相等的。这就叫作能量守恒定律。

58　59

标题和摘要
简要说明本节要介绍的单位。

名字被作为单位名称的人
本节单位的名称的由来及相关人物介绍。

拓展知识
与本节单位相关的专业知识。

小知识
与文中出现的内容或关键词相关的小知识。

杂学小课堂

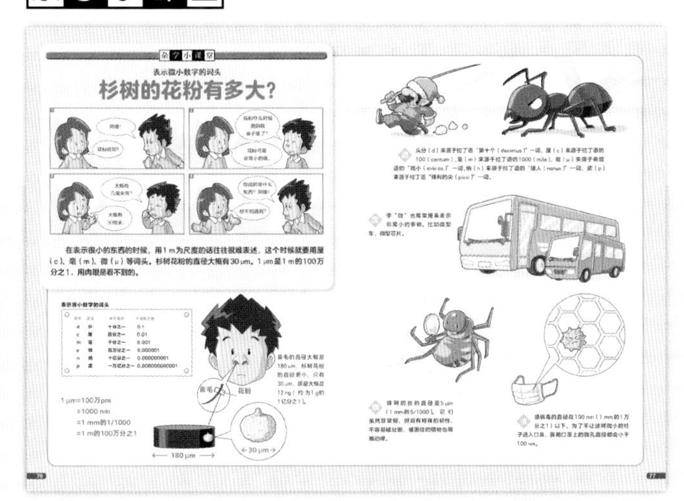

用漫画介绍表示非常小或非常大的数字时使用的词头。

这个标志表示图片未经缩放处理，大小与实物相同。

这个标志表示图片经过放大处理，比实物更大。

★本书中单位的表述方法

在标题中出现的单位使用汉字表述，正文中作为专用语提到时也使用汉字表述；跟在数值后面时，用符号表示。

※海里、光年、马力等仍旧用汉字表述。

目录

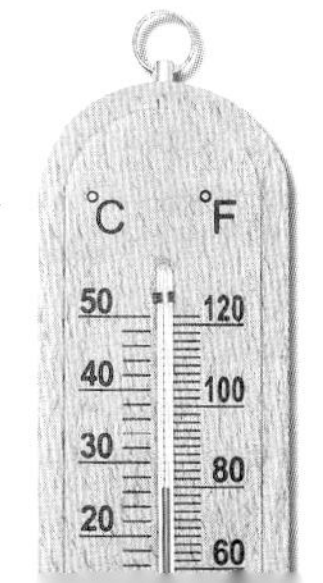

℃ ℉
50 120
40 100
30 80
20 60

单位探险队

寻找1米!

我们是单位探险队，我们正在寻找身边的单位!
今天的任务是找到1 m!
大家快去找找各种各样的1 m吧。

洗手台的高度
是1 m！
还有
这个日晷的指针，
也是1 m高！
这个铜像底座
也是1 m高。
……
还可以用别的方法
来找吗？
啊！！
我的手指张开
是10 cm（厘米）。
哦！！
张开10次就
是1 m喽！！
我的脚
是20 cm长。
像这样走5步
也是1 m啦！
的确是这样。

合计1 m
一个鱼缸长50 cm，两个合起来就是1 m。
6个跳马用的跳箱叠起来也是1 m。
50枚1日元硬币并排起来也是1 m。
1
2
3
4
5
6
身体中的1 m
老师的右手指尖到左肩的长度是1 m。
4岁的弟弟身高也是1 m呢。
该减肥了，
您的腰围都有1 m啦！

这好像不是1 m吧？

*榻榻米：以蔺(lìn)草或其他材料编制而成，铺在地上供人坐或卧的一种家具。在日本很受喜爱。——编者注

日本宫崎县诸塚村立小学的同学们正在用这些工具研究1 m、1 m^2（平方米）、1 m^3（立方米）。

1米有多长？

米（m）是长度的基本单位*。在过去，人们把从地球赤道到北极点的距离的1000万分之1定为1 m，并且根据这个长度制作出了“米原器”，可是……

* 基本单位是指无法用其他单位组合形成的最基本的单位，如长度单位、质量单位、时间单位等。而面积、速度等非基本单位就可以由基本单位组合形成。

由“米”换算出的常用长度单位

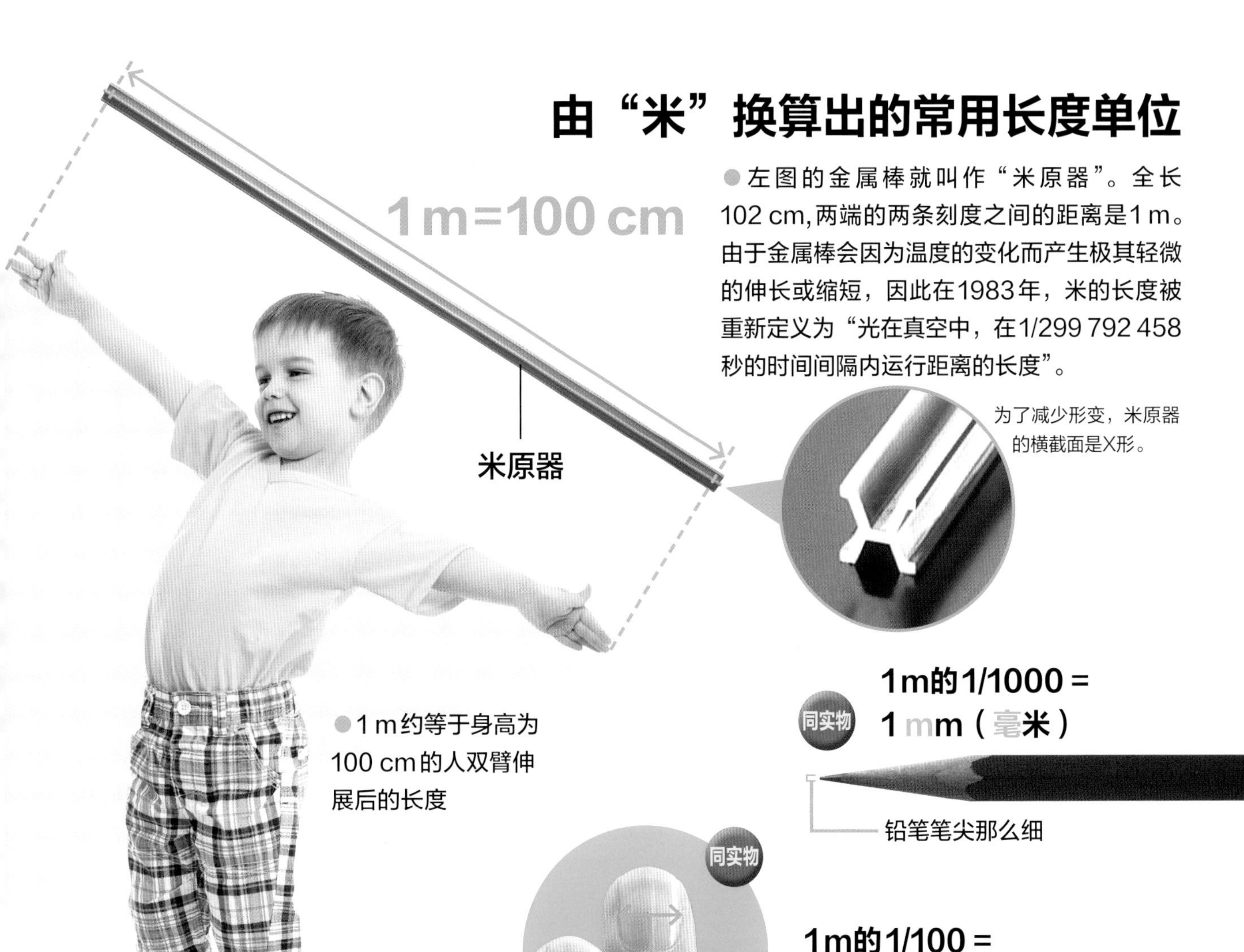

●左图的金属棒就叫作“米原器”。全长102 cm，两端的两条刻度之间的距离是1 m。由于金属棒会因为温度的变化而产生极其轻微的伸长或缩短，因此在1983年，米的长度被重新定义为“光在真空中，在1/299 792 458秒的时间间隔内运行距离的长度”。

为了减少形变，米原器的横截面是X形。

●1 m约等于身高为100 cm的人双臂伸展后的长度

同实物

1m的1/1000 =
1 mm（毫米）

铅笔笔尖那么细

同实物

1m的1/100 =
1 cm（厘米）

差不多成人中指指甲盖那么宽

1m的1000倍 =
1 km（千米）

步行约15分钟的距离

小知识

“米”起源于希腊语

“米”来自法语mètre，由希腊语发展而来，意为“尺度”“测量”。在英语中，“米”演变为meter（英式英语为metre）。中国在清朝末年引入米制时，将meter译作“迈当”。1912年北洋政府工商部将meter译作“新尺”，1915年又改称“公尺”。1959年中华人民共和国国务院将meter的中文名称定为“米”。

拓展知识

米制

米制是在18世纪末由法国创立的一种以“米”为基本单位的单位制。米制以长度单位“米”为基准，可以简便地表示出面积和体积的单位。（→第18、22页）

随后，简单实用的米制被世界各国广泛使用，1954年第十届国际计量大会决定采用米制单位来制订国际单位制(SI)。现在，国际单位制已作为世界共通的单位制被普及。

国际单位制的基本单位有7个，每一个基本单位都是根据自然现象的永恒的规律来定义的。

■国际单位制的基本单位

长度：**米**（m）

质量：**千克**（kg）→第32页

时间：**秒**（s）→第38页

发光强度：**坎德拉**（cd）→第44页

电流：**安培**（A）→第48页

热力学温度：**开尔文**（K）→第70页

物质的量：**摩尔**（mol）→第72页

1码指什么？

码（yd）是在高尔夫球等运动中会使用的单位。高尔夫球世界纪录中曾有一杆打出515 yd的距离（2014年被载入吉尼斯世界纪录）。这个距离换算成米的话，约有470 m！那么，准确来说，1 yd有多长呢？

以“码”为长度计量单位的运动项目

码*（yd）、英尺（ft）、英寸（in）的比较

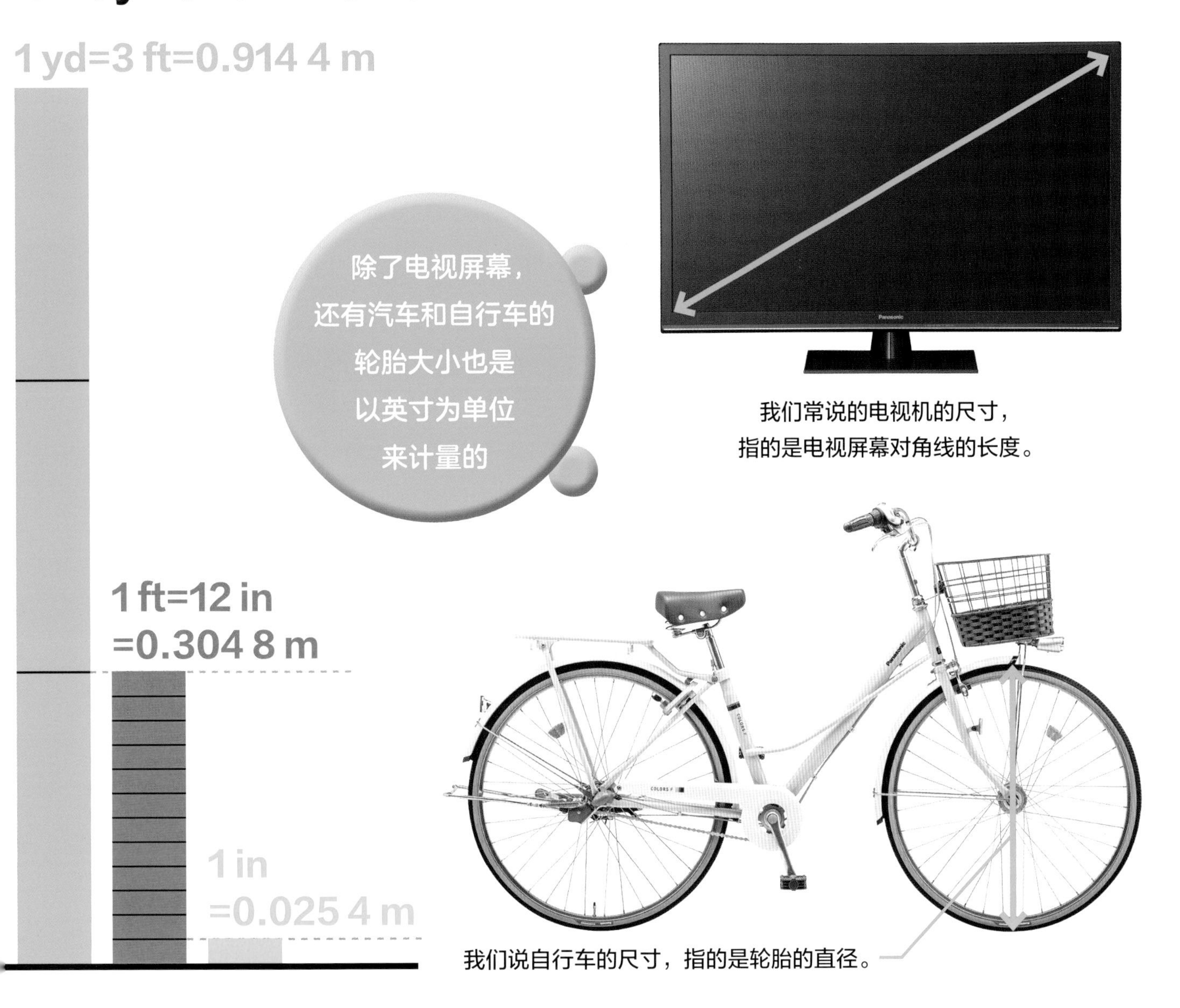

我们常说的电视机的尺寸，
指的是电视屏幕对角线的长度。

我们说自行车的尺寸，指的是轮胎的直径。

长度不是整数的原因

棒球场上垒与垒之间的距离为27.432 m，投手板与本垒板之间的距离为18.44 m，两个长度都不是整数。这是因为棒球场是以英尺和英寸为基本单位来设计的。如果换算成英尺和英寸的话，那么垒与垒之间的距离为90 ft，投手板与本垒板之间的距离为60 ft 6 in，都是整数。

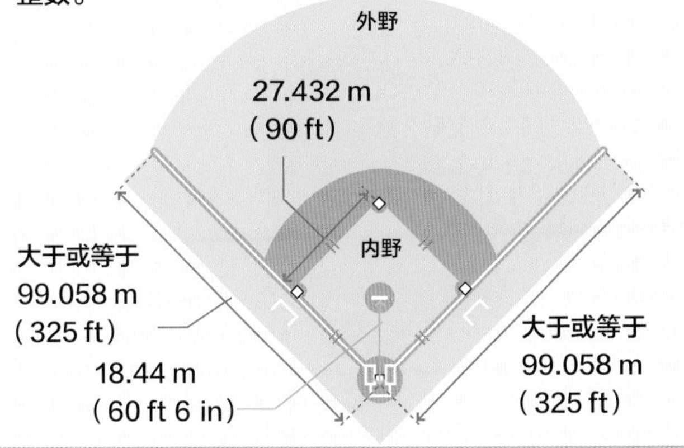

拓展知识

来自人类身体

在古代，人们用身体去丈量物体的长度。英尺是从脚跟到脚尖的长度；码是英国国王亨利一世手臂伸直后，鼻尖到指尖的长度（还有各种别的说法）；英寸则被认为是大拇指的宽度。

英尺的英语叫法feet也是名词“脚（foot）”的复数形式。

脚

* 除了以米为基本单位的单位制（米制），还有以“码”为长度基本单位、以“磅”为质量基本单位的单位制。这种单位制是在大英帝国时代确立的，所以在英语中被称为“帝国单位制”，现在被称作“英制单位”。但是后来，除英国以外的欧洲国家都改用了国际单位制，英国也于1995年开始采用国际单位制。因此，现在只有美国和其他一部分地区使用以“码”和“磅”为基本单位的英制单位。

1海里有多长？

海里（n mile）是海上常用的长度（距离）单位。它等于地球上纬度1分（每1纬度细分为60分，地球一圆周为360度）所对应的弧长。

拓展知识

海里与英里

海里在英语中的叫法是nautical mile或sea mile，与陆地上使用的距离单位英里（mi，1 mi=1 609.344 m）是不同的。

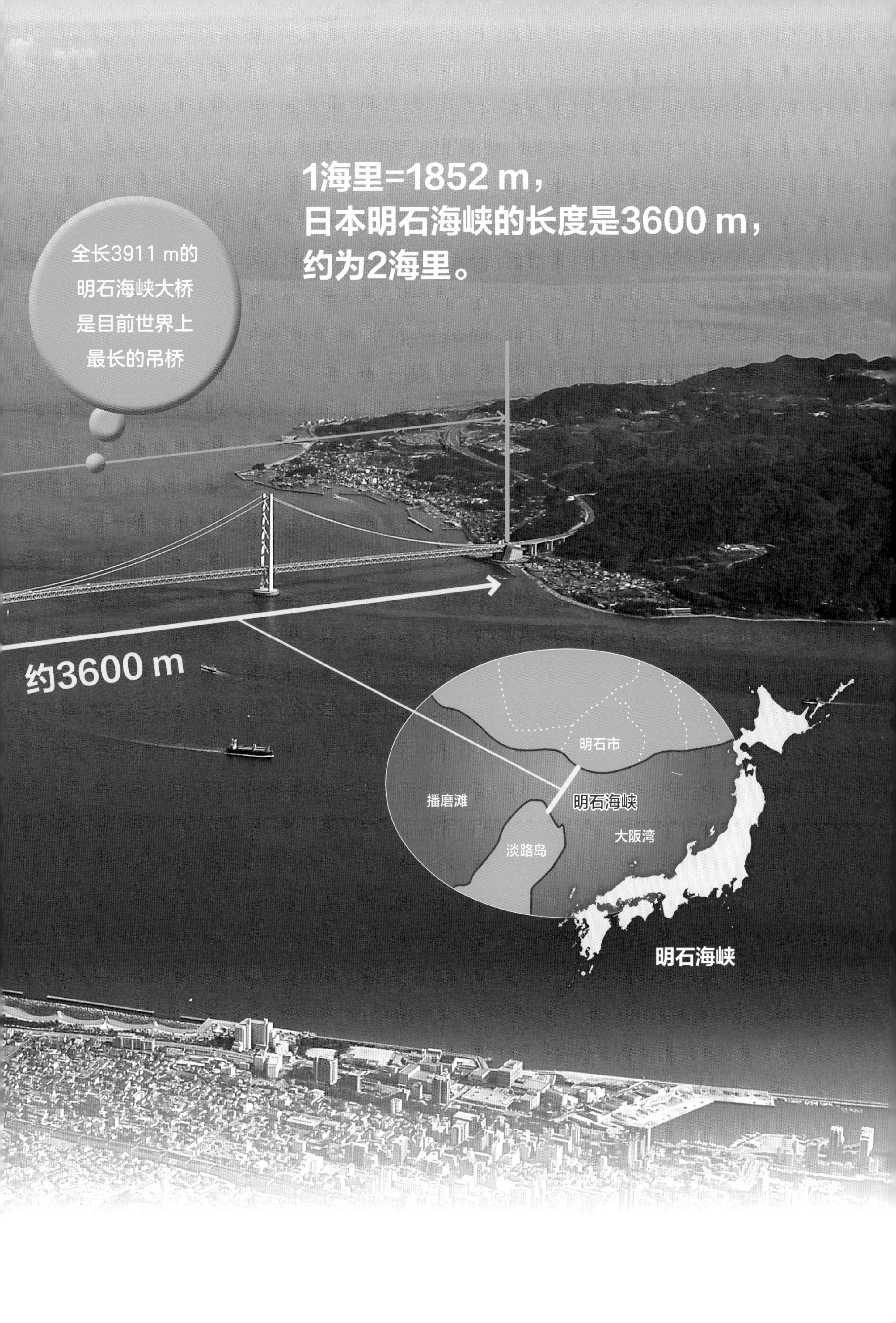

1海里=1852 m，
日本明石海峡的长度是3600 m，
约为2海里。
全长3911 m的
明石海峡大桥
是目前世界上
最长的吊桥
约3600 m
明石市
播磨滩
明石海峡
大阪湾
淡路岛
明石海峡

1光年是什么？

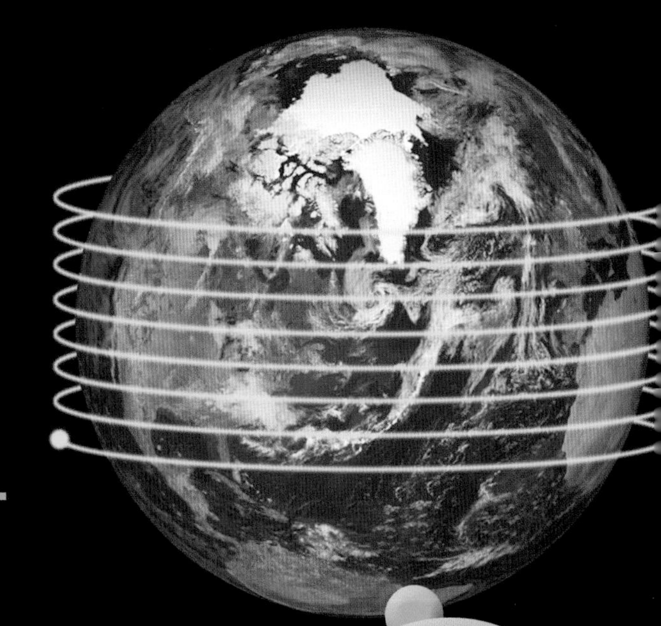

1光年等于光在真空中一年内走过的距离。

光年是测量宇宙中星际距离的常用单位。换算成千米的话，约为94 605亿千米，是很难想象的长度。

1秒内，光可以传播30万千米（足够绕地球7.5圈）

1光年=9.460 5×10^{15} m

● 10^{15} 是1 000 000 000 000 000 的科学记数法形式，即15 个10 相乘。使用这种形式的数字，可以更方便地表示很多种距离，如下图所示。

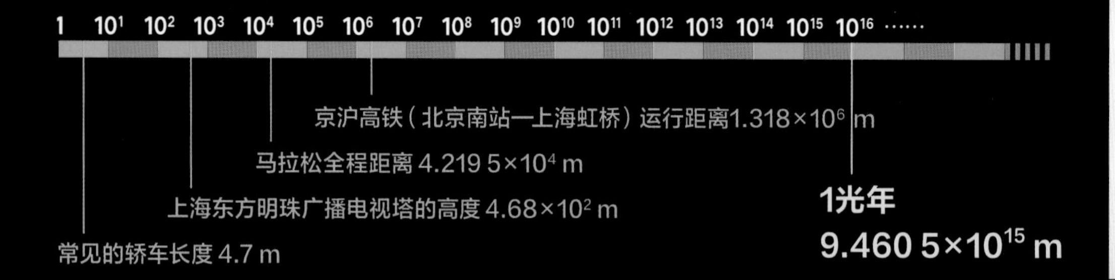

小知识　不是时间单位！

“光年”虽然带有“年”字，容易被认为是时间单位，但它并不是。它在英语中写为light-year，单位符号l.y.就是用这两个单词的首字母组合而成。光在一年时间里行进的距离就是1光年。

地球到各天体的距离

太阳　约1亿4960万km

土星　约12亿km*

比邻星　约4.2光年

天狼星　8.65光年

牵牛星　16.7光年

织女星　约25光年

北极星　434光年

心宿二　550光年

武仙座球状星团（M13）　2万5000光年

仙女星系（M31）　约254万光年

月球　38万4401 km

现在可观测到的最遥远的星系　130亿光年

地球

* 这是土星离地球最近时的距离。最远时的距离可达16亿5000万km。

银河系侧视图

太阳系到
银河系的中心
有多少光年？

银河系中心

约2万6100光年

太阳系

小知识

银河系的直径有10万光年

星系是由无数恒星、星团、星云、星际尘埃等组成的系统。宇宙中有直径几千光年的小星系，也有直径几十万光年的大星系。太阳系所在的星系叫银河系，它的直径约为10万光年。

银河系俯视图

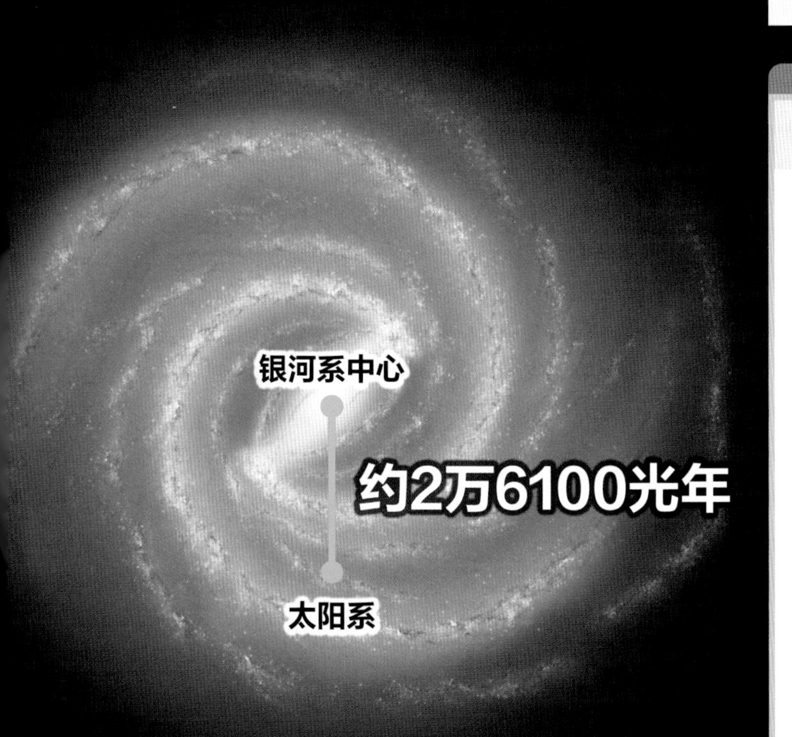

拓展知识

天文单位

在计算天体之间的距离时，还有一种常用的单位叫作天文单位（Astronomical Unit，简写为AU），1天文单位就是地球到太阳的平均距离。1天文单位约等于1亿4960万km，是光传播8分19秒的距离。测量太阳系中天体之间的距离时一般不用光年，而多使用天文单位。

*1 图示为日本常见报纸尺寸，国内《人民日报》等报纸采用的规格是594 mm × 841 mm，面积近似0.5 m²，两张拼接后也约等于1 m²。——编者注

*2 在日本，卫生间通常会被分隔成3或4个区，其中一个是如厕专用的厕所区，面积不大。——编者注

1平方米表示什么？有多大呢？

平方米（m²）是用来表示面积的单位。边长为1 m的正方形的面积就是1 m²。

1 cm²（平方厘米）

（1 cm × 1 cm）

1 cm²约为手指指尖的面积

同实物

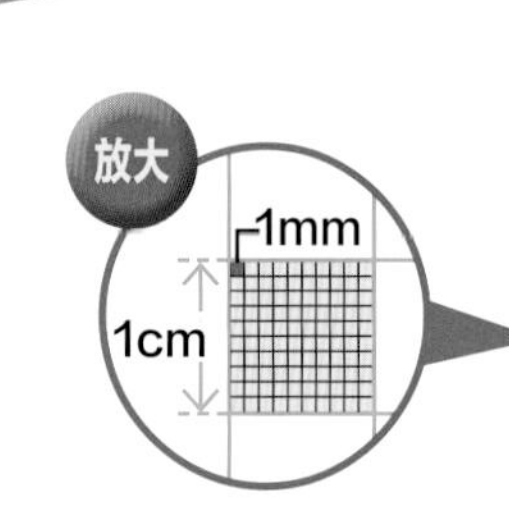

1 m²约为平铺的2张报纸的面积*1

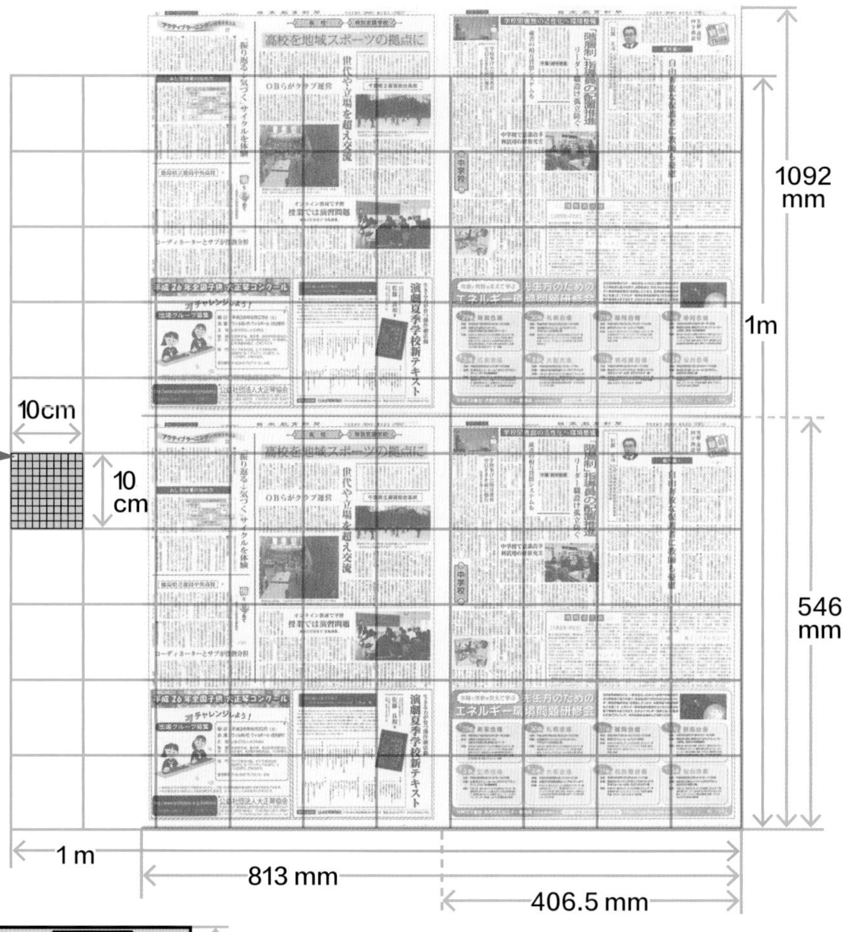

厕所*2的地板的面积约为1 m²

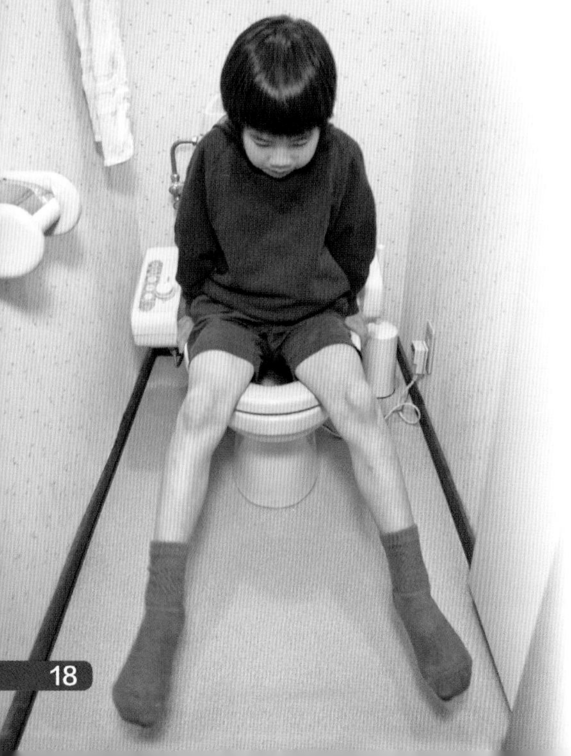

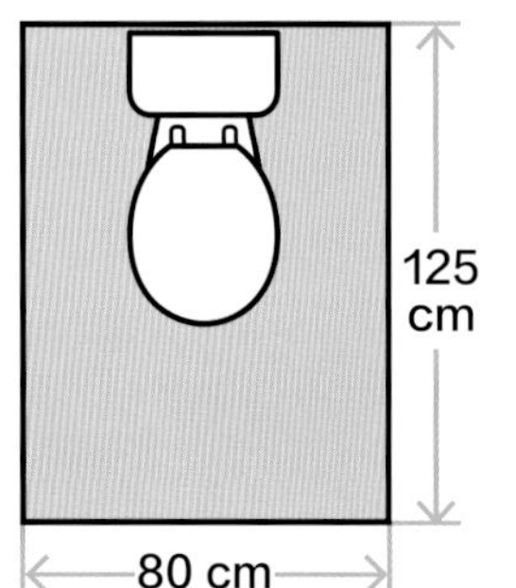

边长增加10倍，面积则增加100倍

1 m²	= 1 m × 1 m
100 m² = 1 a（公亩）	= 10 m × 10 m
10 000 m² = 1 ha（公顷）	= 100 m × 100 m
1 000 000 m² = 1 km²	= 1000 m × 1000 m

●厕所是长方形的，如果一个厕所的宽度是80 cm，长度是125 cm的话，面积就是80 cm × 125 cm = 10 000 cm² = 1 m²。

面积单位的区分

建筑物的面积用平方米

农田的面积常以公亩为单位

拓展知识

公亩（a）和公顷（ha）

公亩和公顷都是测量较大面积时使用的米制单位。“公亩”一词来源于拉丁语area，意为广场、空地。它虽然不是国际单位制中的单位，但是常常用来测量农田的面积。

公顷的单位符号ha是由国际单位制中的词头（→第84页）h（hecto，百）和a（公亩）组合而成的。1 ha=100 a。公顷也不是国际单位制中的单位，但多用来表示森林的面积。

森林的面积常以公顷为单位

小知识

平方米和亩

表示房屋的面积时会用到“××平米”，其中的“平米”是“平方米”的省略写法。

在中国，表示田地面积时，还经常使用单位“亩”。1亩=15分之1公顷，也就是约666.67平方米，和一个网球场的面积差不多。单位“亩”由长度单位“尺”换算而来。从唐朝到现在，1亩=6000平方尺，而如今的1尺≈33.3厘米。

国土的面积以平方千米为单位

1英亩有多大？

英亩是英制单位中用来表示面积大小的一种单位。

1英亩等于4 046.86 m²。

1英亩

●足球场（这里指“世界杯”等国际赛事的球场）的长边是105 m，短边是68 m。整个球场一半多一点的面积约有1英亩。

英亩的来源

英亩的英语acre起源于希腊语中表示“轭”的词，中文“轭”是两头牛共同拉犁时架在脖子上的工具。

两头牛一天所耕的土地面积计为1英亩。

架在牛脖子后的横木架就是“轭”

美国卖地广告中用英亩作单位

拓展知识

平方英里

英制单位（→第13页）用英亩表示土地面积,用平方英里表示街道和岛屿的面积。1英里（mi→第14页）等于1760码（约1.6 km）。美国夏威夷州总体面积为6400平方英里（mi^2），约合16 635 km^2。在计量人口密度时，欧美国家常用“每平方英里的人口数”来表示。

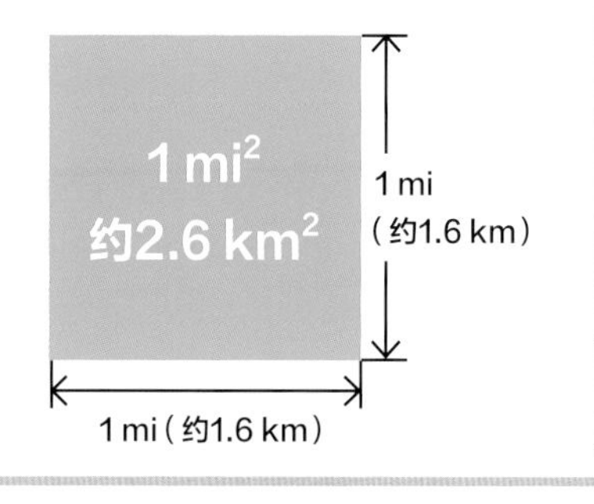

1立方米表示什么？有多大呢？

立方米（m^3）是体积和容积单位，等于长、宽、高都为1 m的立方体的体积或容积。

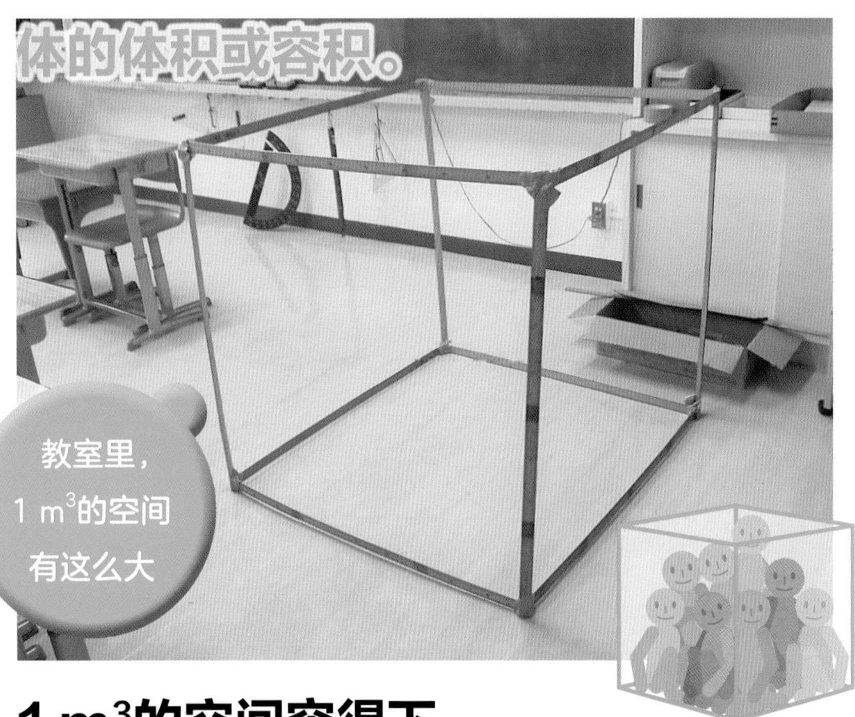

教室里，1 m^3的空间有这么大

照片来源：REX FEATURES/アフロ

1 m^3的空间容得下几个小朋友呢？

●在教室里制作出1 m^3 的空间，试验一下，能装进几个小朋友。试验的结果会根据小朋友体形的大小而有所不同，但大多数情况下，能装8人以上。

将椅子叠起来形成1 m^3的大小。（日本爱知县三好市市立黑屉小学）

日本厕所的空间一般是2 m^3

●日本厕所的地面面积通常为1 m^2，高约为2 m，因此室内空间约为2 m^3。而人坐在马桶上的高度约为1 m。

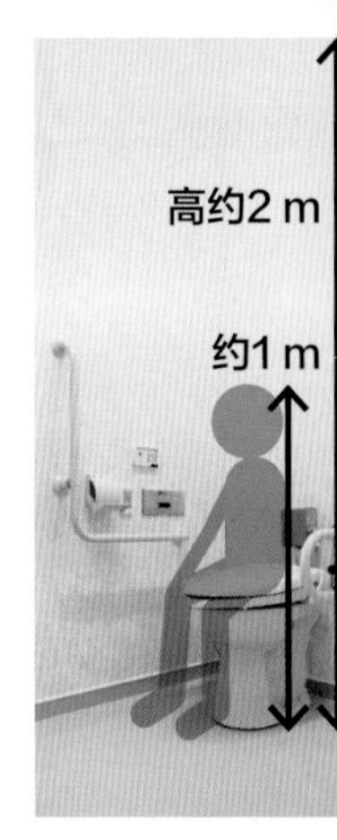

这也是1 m^3（绿色部分）

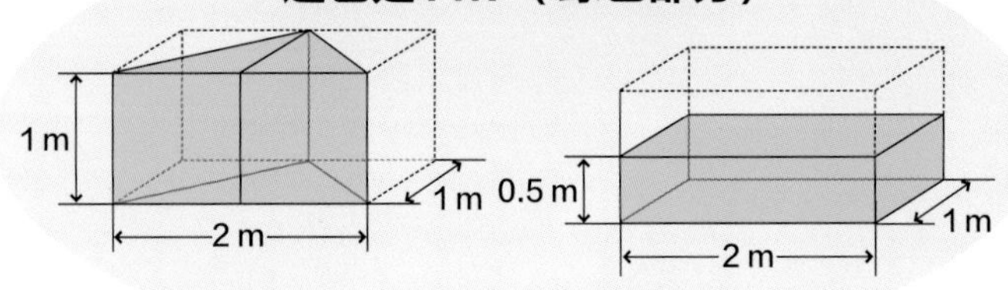

正方体边长扩大10倍，体积则扩大1000倍

1 m^3	=1 m×1 m×1 m
1000 m^3	=10 m×10 m×10 m
1 000 000 m^3	=100 m×100 m×100 m

容积约为4 m³的汽车里可以装进28个成年人!

●宝马的MINI Cooper汽车装载成年人人数的吉尼斯世界纪录是28人，于2012年达成。
2004年的纪录是21人，2007年的纪录是22人，2011年的纪录是26人。

拓展知识

体积和容积

体积表示物体本身的大小。

容积不表示物体本身的大小，而表示物体可以装多少东西，是容器内部空间的大小。

1 L = 1 m³的1/1000

升（L）是用来表示液体的量的单位。

1 m³的1/1000为1 L，等于边长为10 cm的立方体的体积。

小知识

中国古代的容量单位

在中国古代，有5个常用的容量单位：龠（yuè）、合（gě）、升、斗、斛（hú），合称五量。1斗=10升=100合=200龠；在宋朝以前，1斛=10斗；在宋朝到清朝，1斛=5斗。

时期不同，1升的容量往往也不同。秦汉时期1升约为今日的200毫升（→第26页），魏晋时期1升约为230毫升，隋唐时期1升约为600毫升，宋朝时期1升约为700毫升，元朝至民国时期1升约为1000毫升。

诗圣杜甫的著名诗篇《饮中八仙歌》中写道："李白斗酒诗百篇，长安市上酒家眠。天子呼来不上船，自称臣是酒中仙。"那么一斗酒有多少呢？按照唐朝1升约合今日0.6升计算，1斗=10×0.6升=6升，看来李白确实算得上"海量"了。

1立方厘米的量是多少？

立方厘米（cm³）在日本等国家和地区用符号cc来表示，cc是由英语的立方厘米（cubic centimeters）的首字母组合而成的。cubic是“立方的、三次方的”的意思。1 cm³等于一个长、宽、高都等于1 cm的立方体的体积。

1 cm³

●1 cm³等于1 cm三次相乘的结果。

$1cm \times 1cm \times 1cm = 1cm^3$

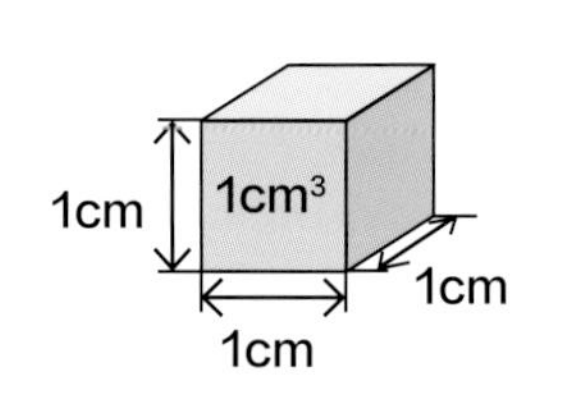

计量勺

同实物

小勺 5 cm³

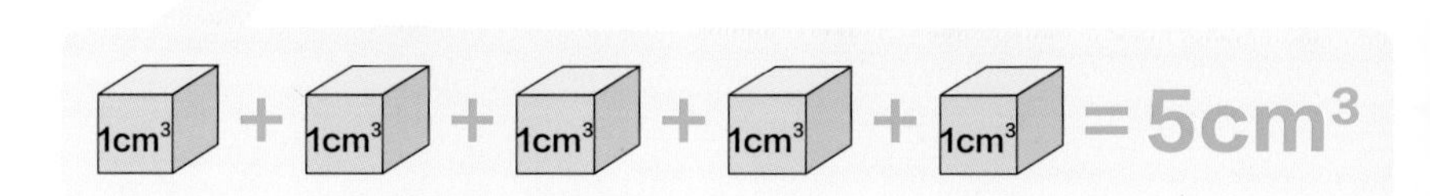

3小勺的量

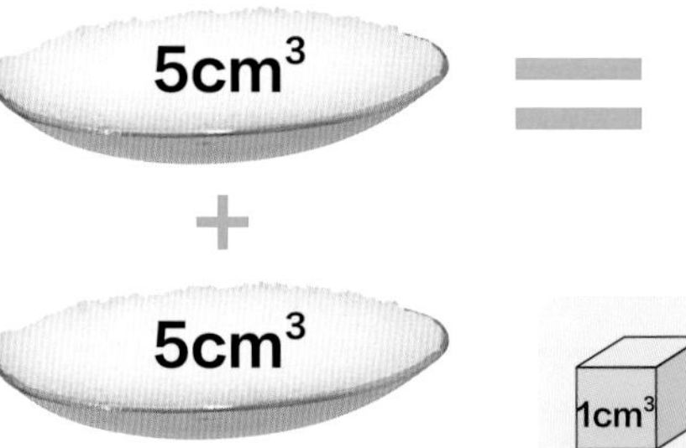

=

大勺 15 cm³

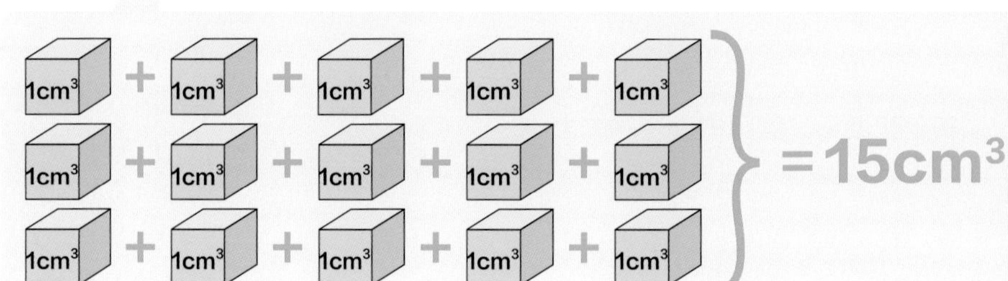

世界上的计量杯*并不统一

与其他国家相比，日本使用的计量杯的容量稍小一些，是200 cm³。

日本还有用来量米的180 cm³的计量杯，比烹饪用的计量杯更小一些。

●1杯的量

日本	200 cm³
美国	237 cm³
英国	284 cm³
澳大利亚	250 cm³

* 作为非正式的计量单位，“杯”在中国并没有相关标准规定。——编者注

在日本，表示汽车功率大小的排气量单位也是立方厘米*

●排气量指的是发动机的气缸容量。一般来说，排气量越大，产生的力也越大，汽车行驶时动力就越强劲。

气缸

筒状部件，内部有活塞可以上下移动。

活塞

在气缸内上下移动的部件。

※这张汽车发动机的图片可以帮你更清晰地了解它的内部结构。

约9800 cm³

大型卡车

GIGA（五十铃汽车）

约1200 cm³

小型轿车

玛驰（日产汽车）

约850 cm³

大型摩托车

MT-09（雅马哈）

约660 cm³

微型车（四轮）

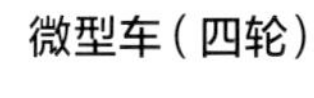

MOCO（日产汽车）

约120cm³

普通摩托车

PCX150（本田）

约50cm³

轻便摩托车

XC50D Vino（雅马哈）

※即使是同级别的车，不同的产品也会有不同的排气量。

拓展知识

表示同一体积的3个单位

cc不是国际单位制（→第11页）中的法定计量单位。日本计量方面的法规中建议在贸易和证明文件中使用立方厘米（cm³）而不是cc，美国则提倡使用毫升（mL）。1 mL是1 L的1/1000。1 cc=1 cm³=1 mL。这3个单位中，中国常使用立方厘米（cm³）和毫升（mL）。

* 在表述汽车排气量时，中国常用升（L）作为单位。——编者注

1升的量是多少？

升（L）是体积和容积单位。1 L等于边长为10 cm的正方体的体积。“升”在美国叫作“litre”。

这是装满水的塑料瓶。左边瓶子装满了1 L水，右边瓶子装满了2 L水。

约23cm　约31cm

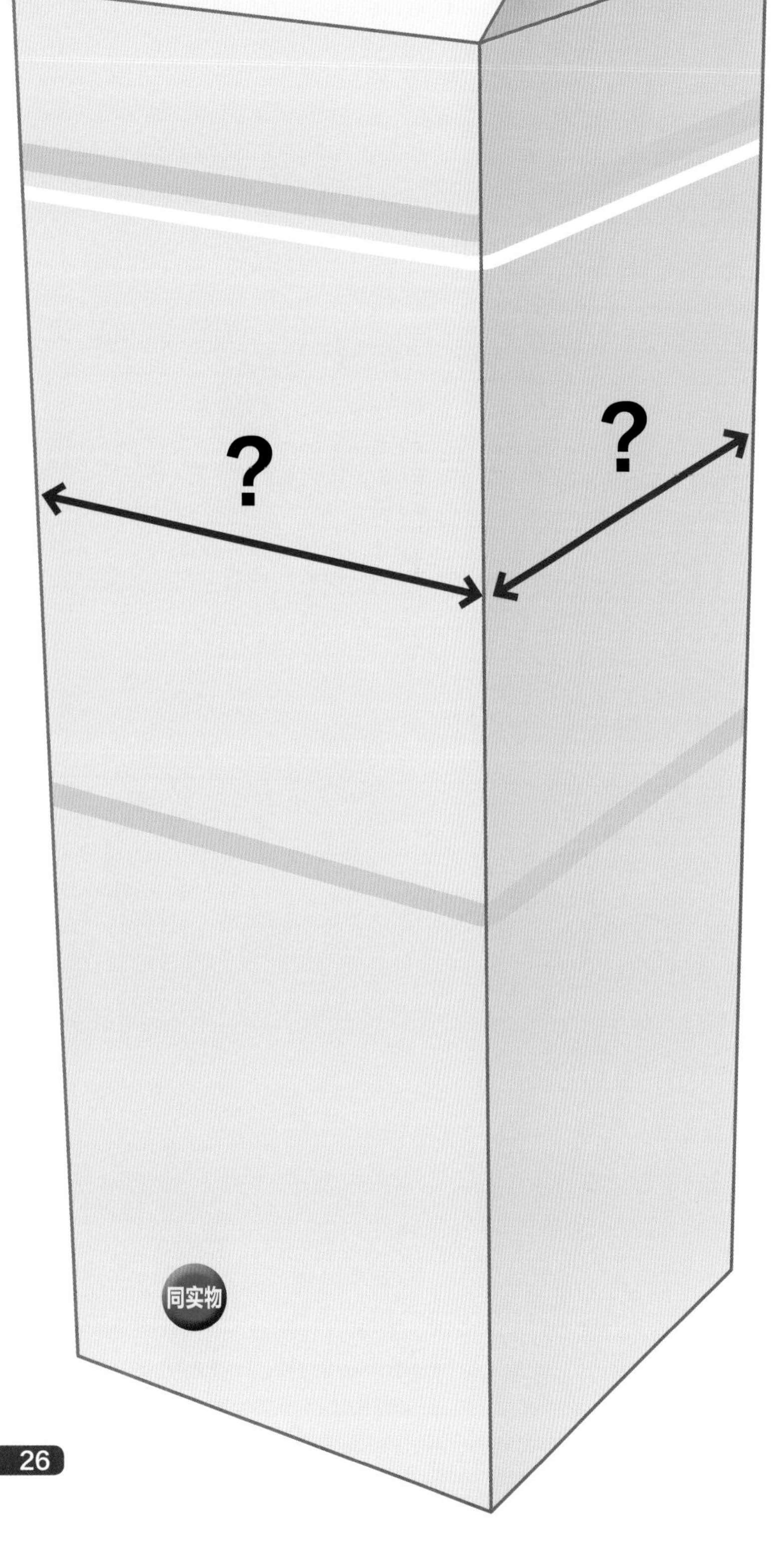

1 L装牛奶盒的小秘密

●把1 L装的牛奶盒剪开后测量一下，尺寸大概如下图所示。

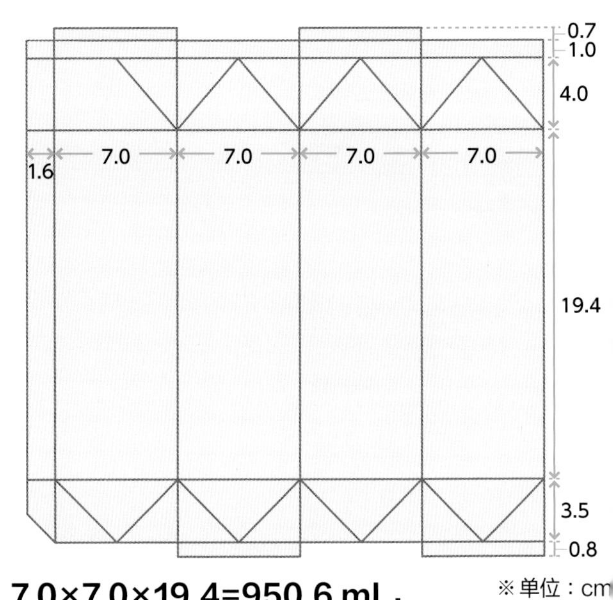

※单位：cm

7.0×7.0×19.4=950.6 mL，
并不是1000 mL（1 L）。
这是有原因的。*

装入牛奶后，纸盒承受了牛奶的压力，就会向外鼓起。按照上面的计算可以推算出，纸盒鼓起的部分有49.4 mL的量。

比升小的单位

1 L的1/1000＝1 mL
1 L的1/10＝1 dL（分升）
可以推算出
1 L=10 dL=1000 mL　　1 dL=100 mL

* 在某些国家（包括中国），有些品牌的1 L牛奶包装盒底面积与高之乘积是大于1 L的。——编者注

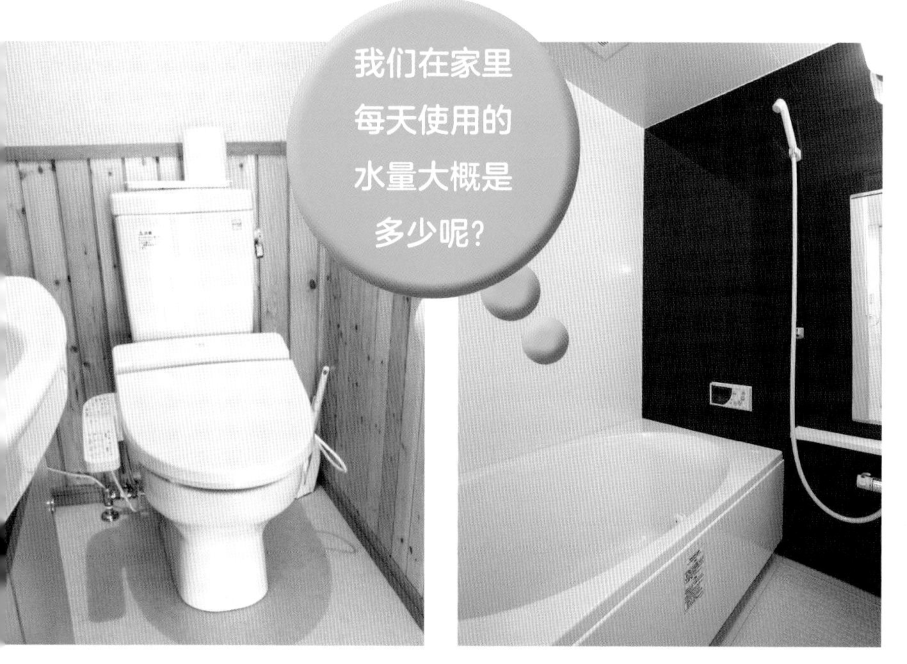

68.5 L
厕所

59 L
浴室

56.5 L
厨房

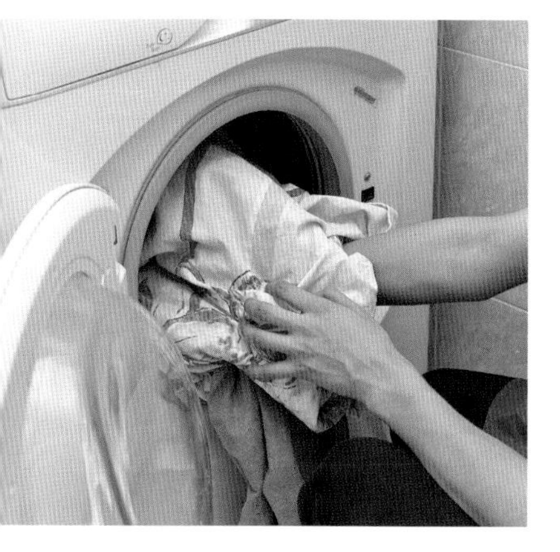

41.5 L
洗衣机

19.5 L
洗脸及其他

引自：日本东京都水道局《一般家庭分用途实际用水量调查》

小知识

大写还是小写?

单位符号的字母一般用小写，但如果单位名称来源于人名，那么单位符号的第一个字母就需要大写。但是升这个单位属于例外，它并非来源于人名，本应该使用小写“l”，但是小写的“l”与数字“1”很容易混淆，因此许多国家都建议使用大写的“L”。

拓展知识

是体积还是质量?

在日本，罐装饮料、盒装饮料和塑料瓶饮料的包装上，有的用毫升（体积）来标注，有的用克（质量）来标注。

因为日本计量方面的法规规定，在标记含量的时候，需以体积或者质量（→第57页）为标准*。

如果加工过程中测定含量时以体积为准，则产品包装上用“毫升”来标注；如果以质量为准，则用“克”来标注。一般来说，罐装饮料为了方便测量质量，多使用“克”来标注；而碳酸饮料一般以体积为标准，多用“毫升”来标注——因为碳酸饮料中的二氧化碳会随着时间的推移而减少，所以饮料质量也会减轻。

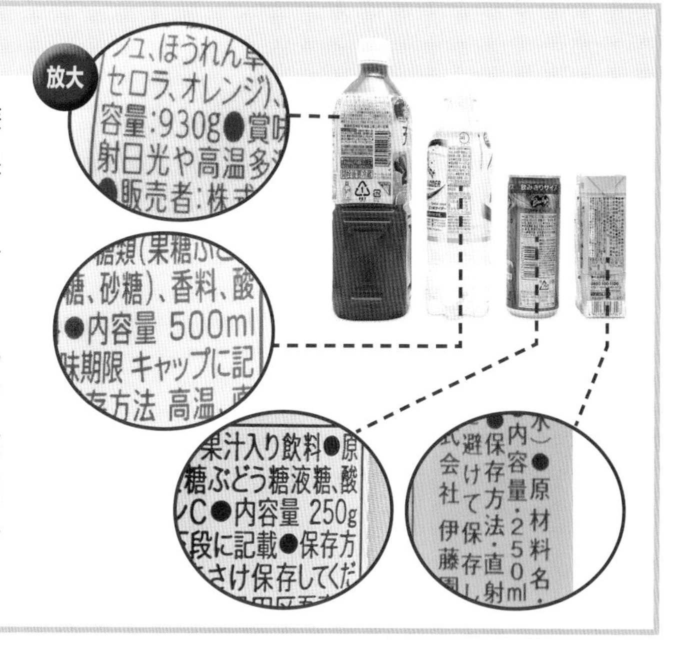

* 中国国家标准中规定，液体食品用体积或质量标注净含量。并未严格要求以测定原料含量时使用的单位来作为净含量单位。——编者注

1加仑指的是什么？

加仑（gal）是英、美计量体积或容积的单位。根据国家和用途的不同，量值会有所不同。在英国，1 UK gal的液体体积约为4.5 L，在美国1 US gal的液体体积约为3.8 L。

英国	美国
1 gal ≈ 4.5 L	1 gal ≈ 3.8 L *

* 在美国，加仑分为测量液体用的液量加仑和测量谷物用的干量加仑。1干量加仑约合4.4 L。

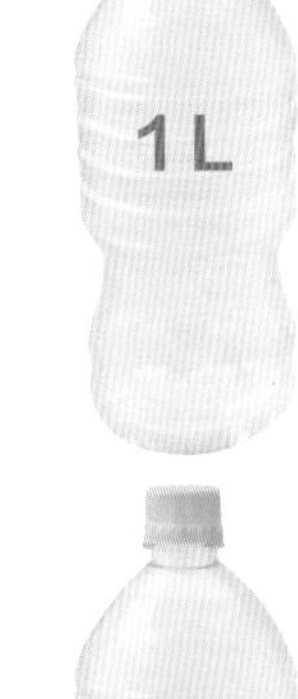

同实物

1/4加仑

冲绳的牛奶盒

在日本冲绳，可以买到1/4加仑［即1 US qt（美夸脱），1 US qt=946 mL］装的牛奶。这是因为，第二次世界大战之后，日本冲绳被美国占领，这期间建立的牛奶工厂里的机器和容器都是按照美国的标准尺寸来制造的。

小知识　都是加仑，美国和英国为什么会不同？

加仑起源于英国。根据测量对象的不同，分为“红酒加仑”“啤酒加仑”和“谷物加仑”。在定义加仑的量值时，英国采用的是啤酒加仑，而美国采用的是红酒加仑，因此两国加仑的量值有所不同。

拓展知识

从加仑演化而来的体积和容积单位

1/4加仑是1夸脱（qt），1/2夸脱是1品脱（pt）。美国的1/20品脱与英国的1/16品脱都等于1液量盎司（fl oz）。由于英国和美国加仑的量值不同，而夸脱、品脱和液量盎司都是以加仑为基准的，因此液量盎司的量值也不同。

1gal　1qt　1pt　1fl oz

在日本1qt约等于1 L装纸盒的容量。

小知识

10加仑帽子

“10加仑帽子”是美国的一种牛仔帽，据说能装下10 US gal的水。在美国的西部片中，经常能看到牛仔用帽子舀水的镜头。可是在美国10 US gal≈38 L，用帽子怎么可能装得下？其实这里的加仑来自西班牙语中“Galón”一词，意为“金丝银带”。

1桶指的是什么？

桶（bbl/bl*）是美制体积或容量单位的一种，原意是大的木桶。由于美国在过去使用木桶来装运原油，因此“桶”作为一个单位被保留下来。但是，根据国家和用途的不同，“桶”的量值也不同。

人们使用称为“抽油机”的设备开采原油。原油是从地下开采出来的石油，通常埋藏在地下数千米深处。

1 bbl=42 US gal（约159 L）

●如果是用于计量石油的多少，国际规定1 bbl为42 US gal（美国液量加仑）。用于计量石油之外的东西时，在美国，还会使用一般液量桶（1 bl约为119 L）和标准干量桶（1 bl约为116 L）；而在英国，1 bl约为164 L。

小知识　加仑和桶

加仑（→第28页）和桶都是表示体积或容积的单位。桶表示容器内所含液体的量（体积），加仑则常用来表示容器本身的容量（容积）。

* bbl只在计量石油的体积时使用。这是因为过去用来装运石油的是蓝色木桶（blue barrel），所以记为bbl。计量石油之外的物体时，则使用bl。

铁桶的八分满

●装石油的铁桶也有好几种容量，最常见的是200 L。1 bbl约159 L，装入铁桶的话大概是八分满。

小知识

石油消耗量多的国家

以下是部分国家日均石油消耗量的排名。中国是世界第2位。

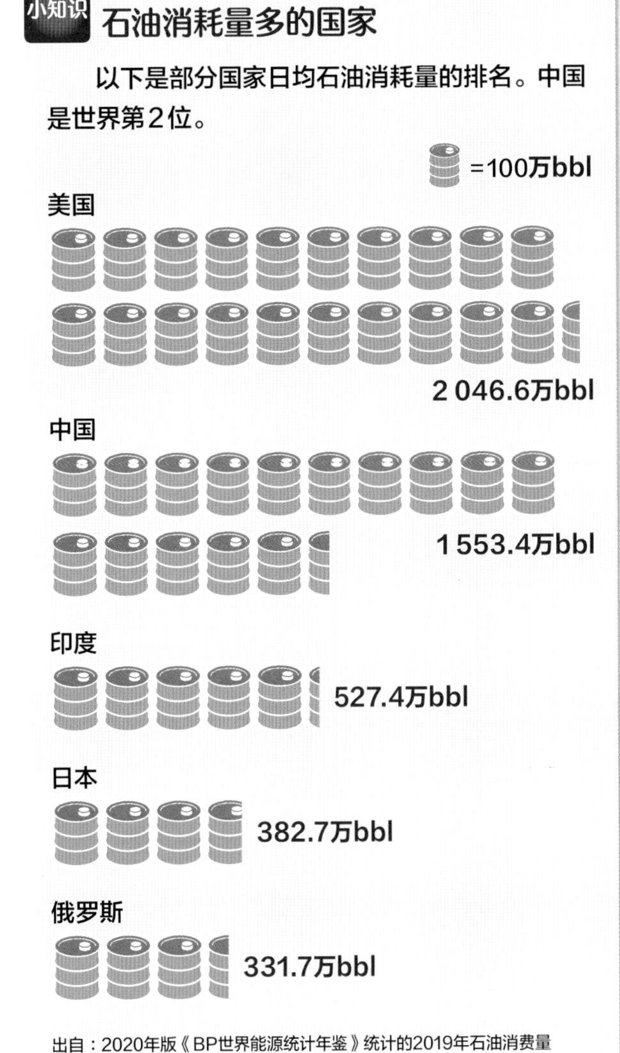

出自：2020年版《BP世界能源统计年鉴》统计的2019年石油消费量

“桶”的由来

●表示体积的单位“桶”来源于词语“木桶”。在过去，人们使用装酒的木桶来运输石油，因此“桶”就被用作单位名称。直到现在，人们还使用木桶酿制威士忌和红酒。在过去，欧洲人还用它来贮藏谷物和面粉。

酿酒用的木桶

储存谷物的木桶

千克（kg）是用来表示质量（重量*1）的基本单位（→第10页）。1 kg约等于1 L温度为4℃*2的水的质量。

1 L水

1 kg的金属

铝

同实物

1000枚1日元硬币*3

*1 在日常生活中常用“重量”来指代“质量”，用“质量”来指代事物优劣程度。但是在科学领域，需要严格区分。详细请参照第57页。　*2 精确的温度为3.98℃。

*3 1日元硬币重1克。2000年发行的人民币1元硬币重6.05克，同年发行的人民币1角硬币重1.15克，2005年发行的人民币1角硬币重3.2克。——编者注

千克原器*4

●国际千克原器是用含铂90%、铱10%的合金制成的砝码，为了防止气压和温度对精密度造成影响，千克原器被放置在多层容器中保管。左图为按照国际千克原器复制的日本的千克原器。

菠菜58棵
（1棵约17 g）

卷心菜1个

苹果4个
（1个约250 g）

各种各样的
1 kg

钉子1250枚
（1枚约0.8 g）

*4 1889年，千克原器的质量被规定为1 kg。但是，近几年，它的质量发生了轻微的改变。2018年第26届国际计量大会投票通过，正式让国际千克原器退役，改以普朗克常数作为新标准来重新定义“千克”。在这次会议后，开尔文（热力学温度）、安培（电流强度）、摩尔（物质的量）的定义也都发生了改变。

1吨指什么？

吨（t），是表示质量的单位。1 t原本指用船装载酒桶时1个酒桶所占的空间，所以吨用来表示船的装载能力（容积）。现在则更常用来表示质量，1 t=1000 kg。

拓展知识

兆克（Mg）

1 t换算成克的话是100万克。

国际单位制（→第11页）中，兆（M）是百万倍的意思，因此提倡使用兆克，而不是吨。但是吨的使用历史较长，因此人们现在仍然广泛使用吨这个单位。

小知识

“吨”有几种类型？

吨可以分为米制的吨和英制单位的吨。米制下的1 t=1000 kg。而英制单位下，在英国，1 t=2240磅（lb）（约合1016 kg）；在美国，1 t=2000磅（约合907 kg）。

* 本社神舆是日本庆祝传统节日时众人抬的轿辇（niǎn），象征住在日本神社的神。三社祭是东京浅草寺每年五月举行的著名的传统活动。——译者注

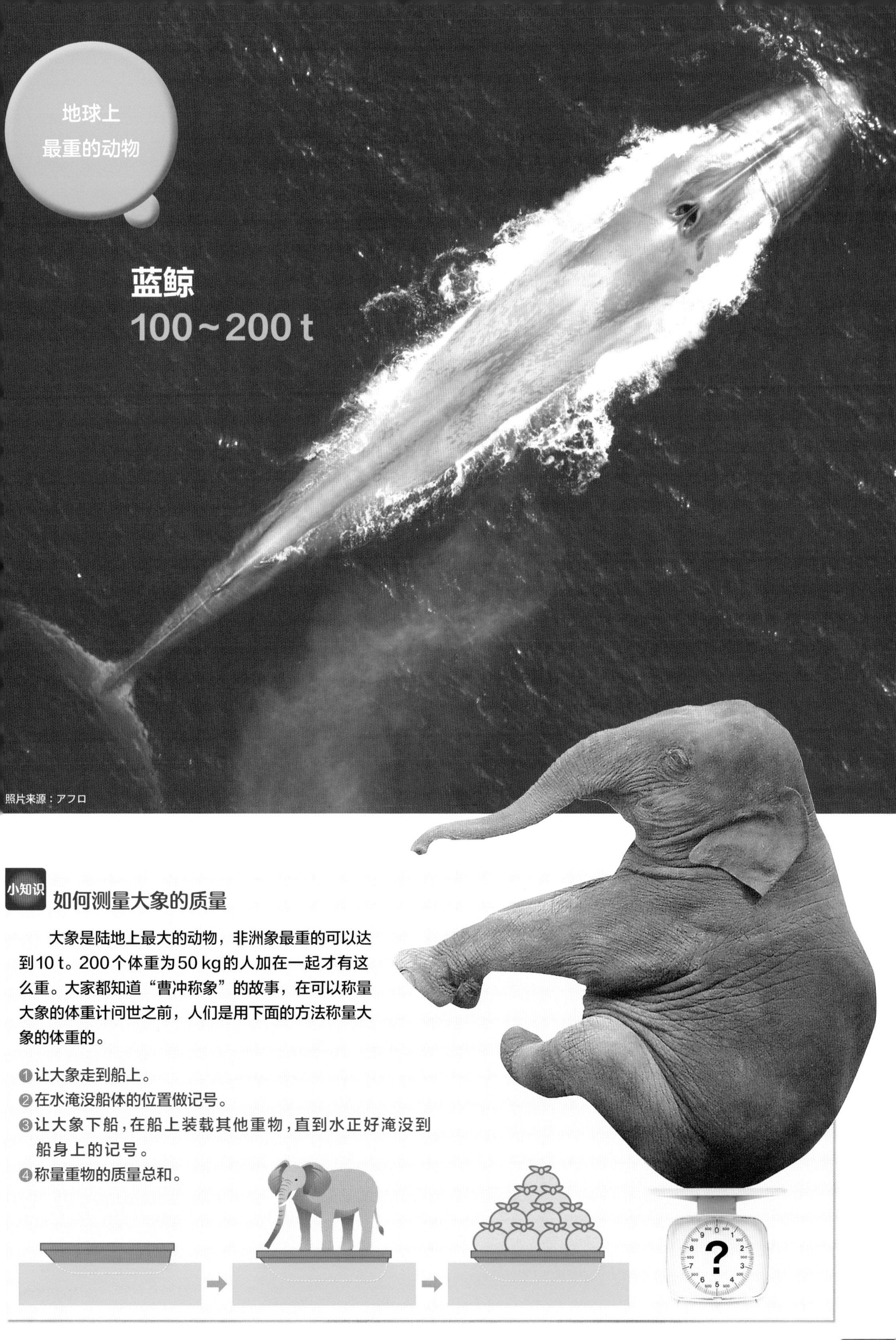

小知识 如何测量大象的质量

大象是陆地上最大的动物，非洲象最重的可以达到10 t。200个体重为50 kg的人加在一起才有这么重。大家都知道“曹冲称象”的故事，在可以称量大象的体重计问世之前，人们是用下面的方法称量大象的体重的。

❶让大象走到船上。
❷在水淹没船体的位置做记号。
❸让大象下船，在船上装载其他重物，直到水正好淹没到船身上的记号。
❹称量重物的质量总和。

磅（lb，英语为pound）是什么？为什么英国货币单位“镑”也叫pound？

英国的货币单位“镑”起源于英制质量单位磅（lb）。因为在过去的英国，把1磅银记为1镑，当作一种货币单位来使用。现在的1磅约等于0.45 kg。

约1磅重的硬币*

小知识　磅的符号是lb的原因

在古代的美索不达米亚地区，人们用“磅”来表示人一天消耗的粮食的质量。

在古罗马，1磅重称为libra pondo，libra意思是“天秤”，磅的符号lb就取自这个词。

1日元硬币　450枚

10日元硬币　100枚

100日元硬币　约94枚

500日元硬币　约64枚

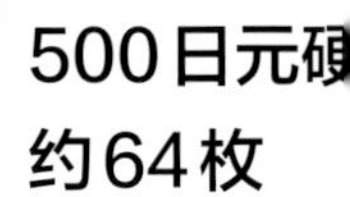

拓展知识　1镑硬币的大小

现在的1英镑硬币和100日元的硬币大小几乎相同，但前者却有2.8 mm厚，质量为8.75 g，比500日元的硬币还要重。

同实物

* 在中国，140枚1角硬币（2005年版）约重1磅，75枚1元硬币（2000年版）约重1磅。——编者注

1磅≈0.45 kg(16 oz)

1磅的牛排

●在日本和中国比较常见的牛排多为150 g或200 g。所以二到三块牛排重约1磅。

1磅的龙虾

●在美国的餐厅里，最小的龙虾重1磅。

体育器材中使用的磅

拳击手套

●表示1磅的1/16的质量单位叫盎司（oz）。拳击手套的规格有10 oz、12 oz、16 oz等。选手的体重有时也会用磅来表示。

●拳击的级别与选手体重

	级别	选手体重
1	迷你轻量级	105磅（47.62 kg）以下
2	最次轻量级	105 ~ 108磅（48.97 kg）
3	次最轻量级	108 ~ 112磅（50.80 kg）
4	超次最轻量级	112 ~ 115磅（52.16 kg）
5	最轻量级	115 ~ 118磅（53.52 kg）
6	超最轻量级	118 ~ 122磅（55.34 kg）
7	次轻量级	122 ~ 126磅（57.15 kg）
8	超次轻量级	126 ~ 130磅（58.97 kg）
9	轻量级	130 ~ 135磅（61.23 kg）
10	超轻量级	135 ~ 140磅（63.50 kg）
11	次中量级	140 ~ 147磅（66.68 kg）
12	超次中量级	147 ~ 154磅（69.85 kg）
13	中量级	154 ~ 160磅（72.57 kg）
14	超中量级	160 ~ 168磅（76.20 kg）
15	轻重量级	168 ~ 175磅（79.38 kg）
16	次重量级	175 ~ 200磅（90.72 kg）
17	重量级	大于200磅，无上限

保龄球重几磅？

儿童用　5~6磅
女士用　10~12磅
男士用　12~16磅

铅球

男子铅球　约16磅

1秒的时间有多久？

秒（s）是时间单位。在过去，人们根据地球自转一圈（一天）的时长，把1 s定为1天时间的8万6400分之1。

1 s=1天÷24÷60÷60

●在过去，1 s有多久是由地球自转周期决定的。地球自转一圈的时间是1天，1天有24小时，1小时有60分钟，1分钟有60秒。但是地球自转速度在不停地变慢，每转一周的时长（每天）都会延长约1000万分之1秒，因此地球自转周期不适合作为时间的基准。1967年人们用铯(sè)原子的振动频率重新定义了1 s的时间长度。

成年人的心脏每震动一次，就泵出约60 mL的血液。也就是说，心脏每秒输送约60 mL的血液。

★ 儿童的心跳频率一般为每分钟70~80次，成年人为每分钟50~100次。

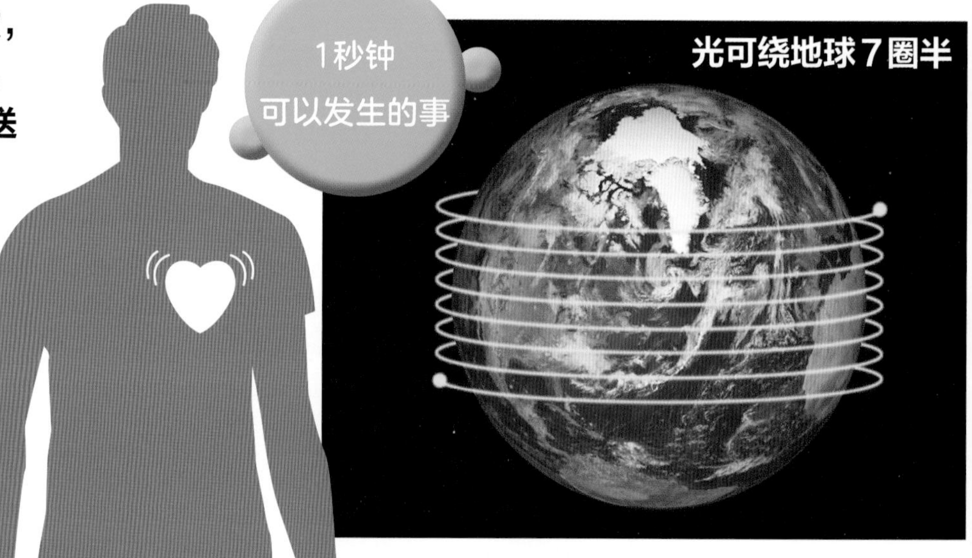

拓展知识

铯原子钟（原子频率标准器）

原子钟是利用原子（或分子）固有的振动频率制作的时钟。人们把铯原子振动91亿9263万1770次的时长定义为1 s，并把铯原子钟记录的时间称为“国际原子时”。

国际原子时的误差为1亿年1秒，也就是每过1亿年，才会产生1 s的误差。

小知识

闰秒

由铯原子钟决定的国际原子时（TAI）和由地球自转周期决定的世界时（UT）之间存在误差。因此，为了让“世界时”与“原子时”相差不超过0.9 s，就要在某个时间不时地加上或减去1 s（闰秒），这个时间就是“协调世界时（UTC，也叫世界统一时间）”，它被各国作为标准时间的基准。

1 s内行进的距离

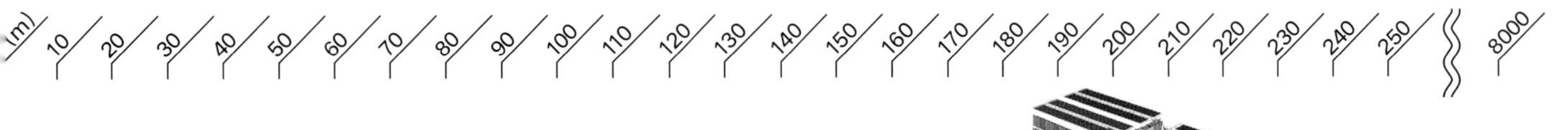

国际空间站（ISS）

7700 m*

© NASA

* 围绕地球的行进速度

民航客机

250 m

日本新干线希望号*

83.33 m

* 中国“复兴号”动车组1 s内行进97.22 m。——编者注

高山滑雪（滑降）

约44.44 m

短道速滑（500 m）

约14.69 m

短跑（100 m）

10.44 m

长跑（马拉松）

5.78 m

游泳（自由泳50 m）

2.39 m

※对于有世界纪录的运动项目，这里的速度是根据世界纪录（男子）计算出来的。

拓展知识

基准的变化

时间单位曾经以地球的自转周期为基准，现在则变成了以原子钟为基准。可见单位也会随着科学发展而不断得到重新定义。出现同样情况的还有长度单位，它曾经以国际“米原器”为基准，1983年开始变成了以光速为基准(→第11页)。

2018年，质量单位千克、热力学温度单位开尔文、电流强度单位安培、物质的量单位摩尔也都被重新定义。

小知识

以7.9 km/s*的速度环绕地球运转

把球沿着与地面平行的方向扔出去，球会在空中画一道弧线后落到地面。球的速度越快，会被抛得越远。当速度达到7.9 km/s的时候，它就不会落到地面上，而是会一直保持与地面平行，围绕地球旋转。这就是人造卫星能围绕地球运转的原理。离地面越高，围绕地球运转所需要的速度就越低。

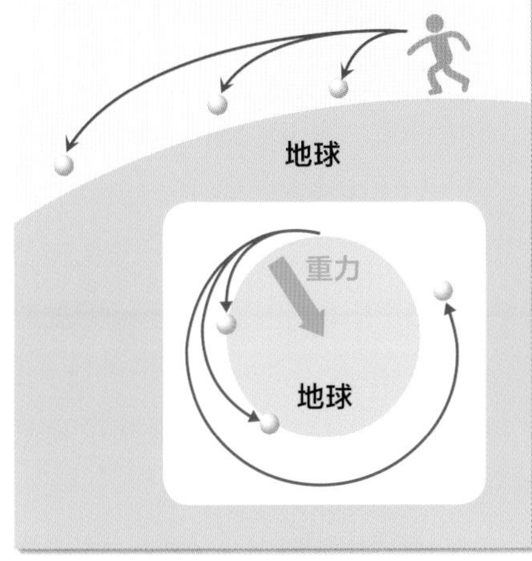

* km/s指的是每秒钟行进多少千米。

1节是什么？

节（kn）是用来表示船或飞行器速度的单位。每小时航行1海里（1852 m→第15页）的速度叫作1节，约合1 s行进0.5 m。

绳子上打结的个数

●节的英文是knot，有“打结”的意思。过去水手们将长绳以相等间距打节，绳端系一个阻挡板，再在船尾随水流放下，通过计算一定时间内被拉长的绳子上绳结的个数来计算船速。因此，节成了表示船的航行速度的单位。现在节的符号多用knot的前两个字母kn来表示。

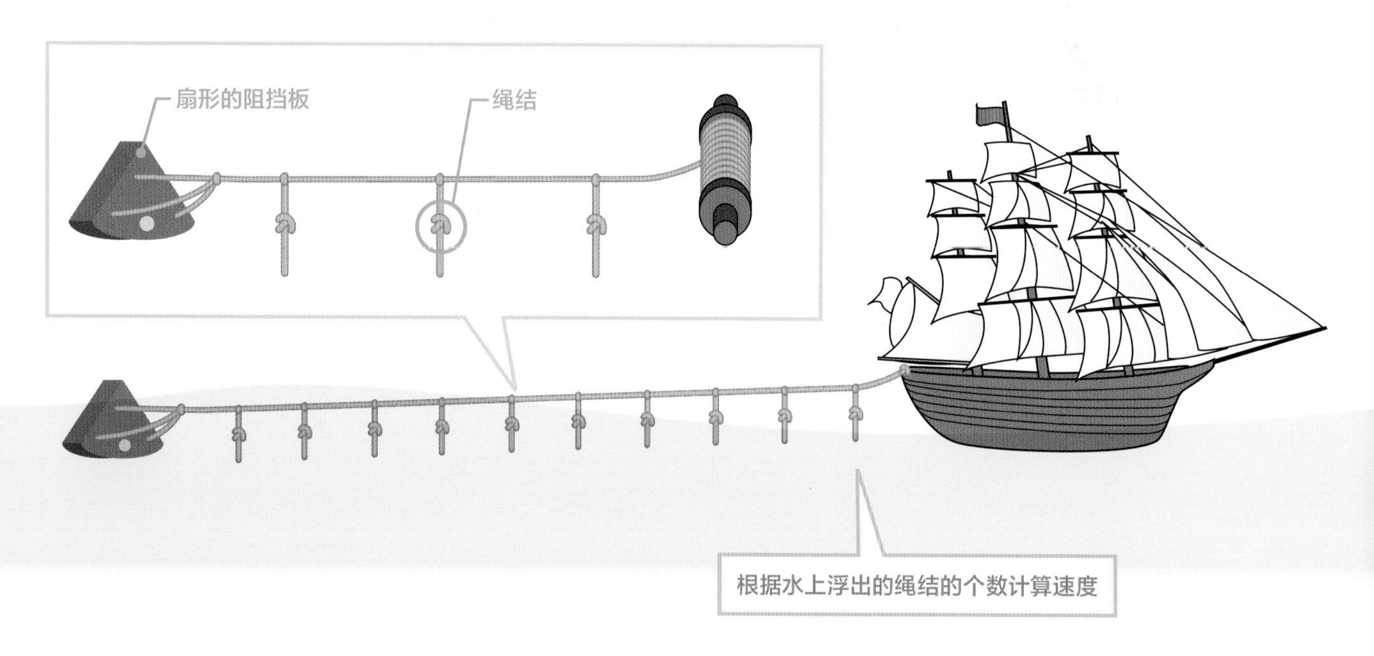

拓展知识

航海和航空中方便的单位

1海里等于地球子午线上纬度1分的弧长。航海图和航空图上，用纬度和经度来表示位置，因此用海里和基于海里的“节”来衡量距离和速度是非常方便的。

❶900 kn是每小时运行纬度15度的速度
❷60 kn是每小时运行纬度1度的速度
❸1 kn是每小时运行纬度1分的速度

放大
❸1 kn
1分
（1度的1/60）
1度
北极
❷60 kn
1度
15度
❶900 kn
地球
30度
90度
赤道

飞机和船的速度比较

民航飞机的巡航速度

约486 kn（900 km/h[*1]）

直升机的巡航速度

约108 kn（200 km/h）

豪华客轮的巡航速度

约20 kn（37 km/h）

油船的巡航速度

约15 kn（28 km/h）

*1 km/h表示每小时行进多少千米。

※这里指的是平均速度，不同型号的飞机和船的实际速度会有差异。

萤火虫的飞行速度约是1 kn

表示风速的“节”和“级”

●在国际上，常用“节”来表示风速。风速30米/秒（m/s），用“节”来表示的话，约为60 kn[*2]。而在中国，除了米/秒，天气预报中还常用风级来表示风速，风级与风速（米/秒）的对应关系如右表所示。

*2 风速（m/s）约等于节的数值的一半。

●**风的级数与风速的对应关系**

风级	风速（m/s）
0	0 ~ 0.2
1	0.3 ~ 1.5
2	1.6 ~ 3.3
3	3.4 ~ 5.4
4	5.5 ~ 7.9
5	8.0 ~ 10.7
6	10.8 ~ 13.8
7	13.9 ~ 17.1
8	17.2 ~ 20.7
9	20.8 ~ 24.4
10	24.5 ~ 28.4
11	28.5 ~ 32.6
12	32.7 ~ 36.9

1马赫有多快？

马赫（Ma）是表示速度的单位。1 Ma即1倍声速，约340 m/s。因此马赫是用声速的几倍来表示运行速度。如2 Ma就表示速度是声速的2倍。

日本东京塔高
333 m

速度接近
1 Ma时
产生的云雾

蒸汽锥

●当飞机在海面等湿度和气压较高的上空以接近声速的速度行驶时，机体周围会形成圆锥般的云雾，人们把这种云雾叫作“蒸汽锥”。这种现象多发生在飞机超声速飞行时，但在飞行速度未达到声速时也有可能发生。

以1 Ma（约340 m/s）的速度，约用1 s就可以从地面到达东京塔的最高点。

拓展知识

随温度和介质而改变的声速

人们熟知的约340 m/s的声速指的是温度为15℃、气压为1个标准大气压（地表附近）的空气中声音的传播速度。气温越高，声速越快，反之亦然。离地面越远，气温越低，声速也越慢。在离地面10 000 m的空气中，声速约为300 m/s。因此同一马赫数在地面和高空所指的实际速度是不同的。

声音在水中的传播速度约为1500 m/s，比在空气中要快很多。它在固体中的传播速度则更快。但是马赫只表示声音在空气中传播的速度，不适用于水中和固体中。

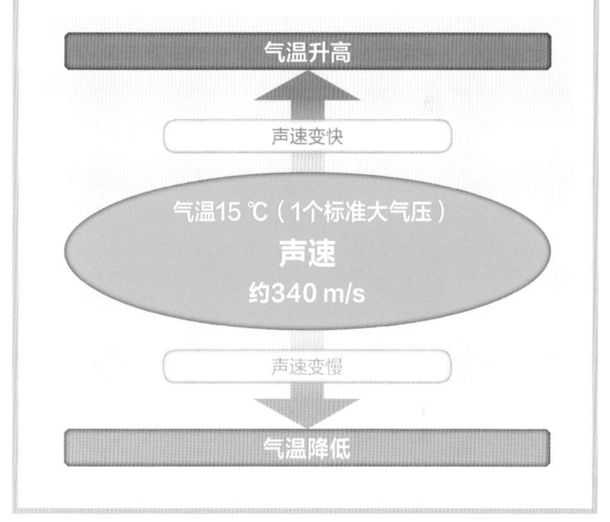

名字被作为单位名称的人

恩斯特·马赫

（1838—1916年）奥地利-捷克物理学家、哲学家，研究领域包括物理学、哲学、心理学、科学史等。马赫通过实验发现，物体在气体中超声速运动时，周围气体的形状会发生急剧改变，从而产生冲击波。因此人们用他的名字来表示物体超声速运动时的速度。马赫写作Mach，德语发音接近“马赫”，英语发音则接近“马克”。

坎德拉指的是什么？

坎德拉（cd）是发光强度的单位。1 cd大约是1支蜡烛的发光强度或家用的夜灯发光强度的一半。

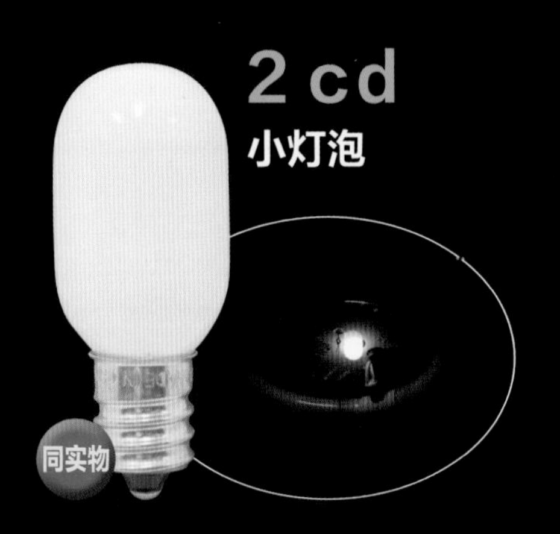

2 cd
小灯泡

●这里说的小灯泡是指家庭用荧光灯的中央位置装的小灯泡，荧光灯灯管熄灭后，小灯泡可做夜灯。近年来，人们多用发光二极管（LED）来代替这个小灯泡。

1 cd
一支蜡烛

●一支直径2 cm的蜡烛的发光强度约为1 cd。

拓展知识

candela、candle和kandelaar是同一语源

坎德拉（candela）起源于拉丁语中的蜡烛。

英语的蜡烛（candle）和荷兰语中表示蜡烛或烛台的词语（kandelaar）也是源于拉丁语中的蜡烛一词。

坎德拉不是以人名命名的，所以用小写来表示（→第27页）。

●在中国，汽车如果有两只前照灯，则每只灯的发光强度要在18 000 cd以上（远光）；如果有四只，则每只的发光强度要超过15 000 cd（远光）。

日本发光强度最大的灯塔

镜头直径2.6 m

灯光可及26.5海里(约49 km)

160万 cd

室户岬灯塔（日本高知县室户市）

3支小蜡烛的发光强度约为2 cd，6支约为4 cd。

小知识

烛光

1880年爱迪生发明电灯时，使用“烛光”作为发光强度的单位。“烛光”是1860年由英国定义的单位：为了表示煤油灯的发光强度，把特定的一支蜡烛的发光强度定为1 cp（烛光）。爱迪生发明的电灯发光强度有16 cp——当时电灯的竞争对手煤油灯的最高发光强度。但是“烛光”的定义比较含糊，几经修改后，最终于1948年被坎德拉代替，坎德拉成为新的发光强度单位。

拓展知识

坎德拉、流明（lm）、勒克斯（lx）

发光强度为1 cd的蜡烛光照射到1 m外的墙壁上时，对墙上1 m^2的范围所发出的光通量（光束）约为1 lm，这个范围内的光照度就是1 lx（→第46页）。坎德拉用来描述光源本身的发光强度，流明用来描述从光源射出的光束总量，勒克斯用来描述物体被照亮的程度。

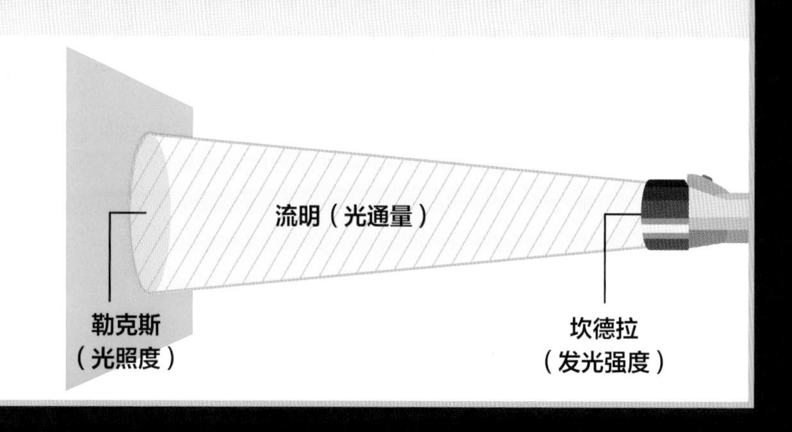

1勒克斯有多亮？

勒克斯（lx）是被光源照射的表面上所产生的光照度的单位，可以用来描述物体被照亮的程度。在高约2.4 m的天花板上安装的小号荧光灯照射到地面的光照度约为1 lx。

0.2 lx

月圆时的街道

3 lx

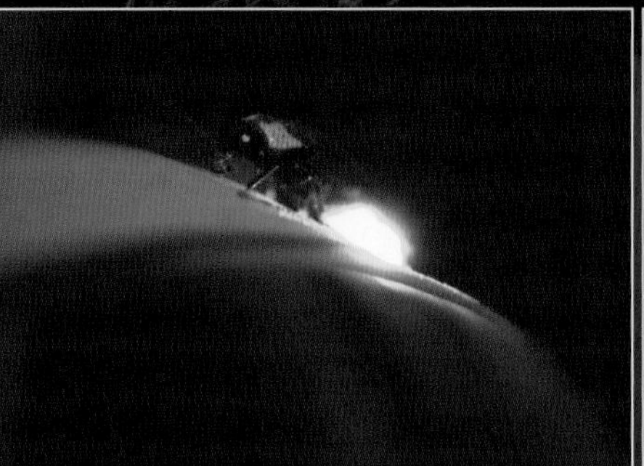

萤火虫的光

50～100 lx

路灯下

拓展知识

到光源的距离与勒克斯的关系

对于发光强度相同的光源，被照射的物体距光源越近就越亮（勒克斯越大），距光源越远就越暗（勒克斯越小）。

小知识

借萤火虫的光可以读书吗？

萤火虫发出的光在距离3 cm的地方光照度约为3 lx，而读书时所需要的光照度约为300 lx，因此如果有100只萤火虫同时发光，理论上是可以让人看清文字的。但是由于萤火虫发光的时间非常短，所以实际上很难在萤火虫光下读书。

萤火虫的光

●萤火虫会感知周围的亮度而发光。光照度在0.1 lx以上时它们不会发光，周围变得更暗后，它们才会一边发光一边飞来飞去。

小知识 灯泡的亮度用“流明(lm)”表示

接受光照的物体表面的明亮程度用勒克斯来表示，从光源射出的光束总量则用“流明”表示。在相同流明的情况下，LED灯泡耗电速度（电功率，单位为瓦特→第52页）比白炽灯要慢很多，因此LED灯泡更节能。

300～500 lx

公司办公室

1200～1500 lx

超市内商品陈列橱柜

10万lx

太阳照射下的地面
（树荫处为1万lx）

●商业大楼内的光照度比较（单位：lx）

	办公室	商店
中国	300～500	300～500
美国、加拿大	200～500	200～500
法国	425	100～1000
德国	500	300
澳大利亚	160	160

日本办公室的光照度要求是750 lx，比许多国家的办公室更亮一些。

安培是什么单位？

保险丝是为了防止因电流过大导致电器发热着火的一种元件，当电路中的电流超过保险丝管上所示安培数（图中为5A）时，管内金属线会熔断，从而切断电流。

安培（A）是表示1 s内通过导体的电子的数量的单位。

1 s内通过的电子数量为6.24×10^{18}个时，电流大小为1 A。

在日本，电流为1 A时可以使用的电器产品

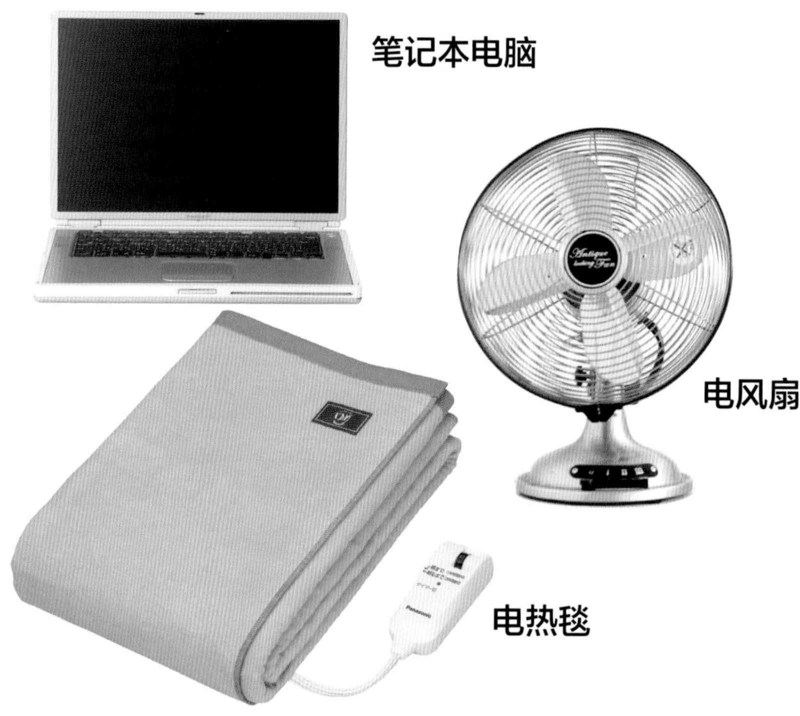

●在日本*，在使用家庭电源（100 伏特→第50页）的情况下，一只100 W（→第52页）灯泡打开时的电流大小就是1 A。

拓展知识

电流是怎么产生的？

电流是由带负电荷的电子组成的。金属中含有可以自由移动的电子（自由电子），自由电子多的物质接触到自由电子少的物质后，自由电子会从多的一方移动到少的一方。这个移动的过程中就会产生电流。移动的电子的数量越多，电流就越强。

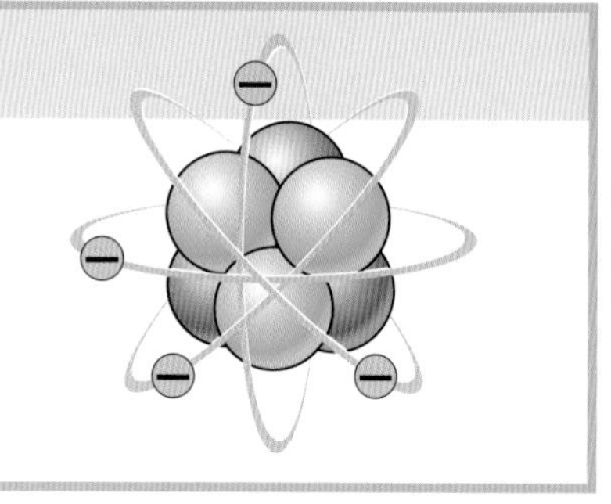

* 日本民用电压是100 V，中国民用电压是220 V，根据功率＝电压×电流，可以得知：在日本，功率100 W左右的电器正常工作时的电流强度为1 A；而在中国，功率220 W左右的电器正常工作时的电流强度才为1 A，如抽油烟机、电视机的工作电流就是1 A左右。——编者注

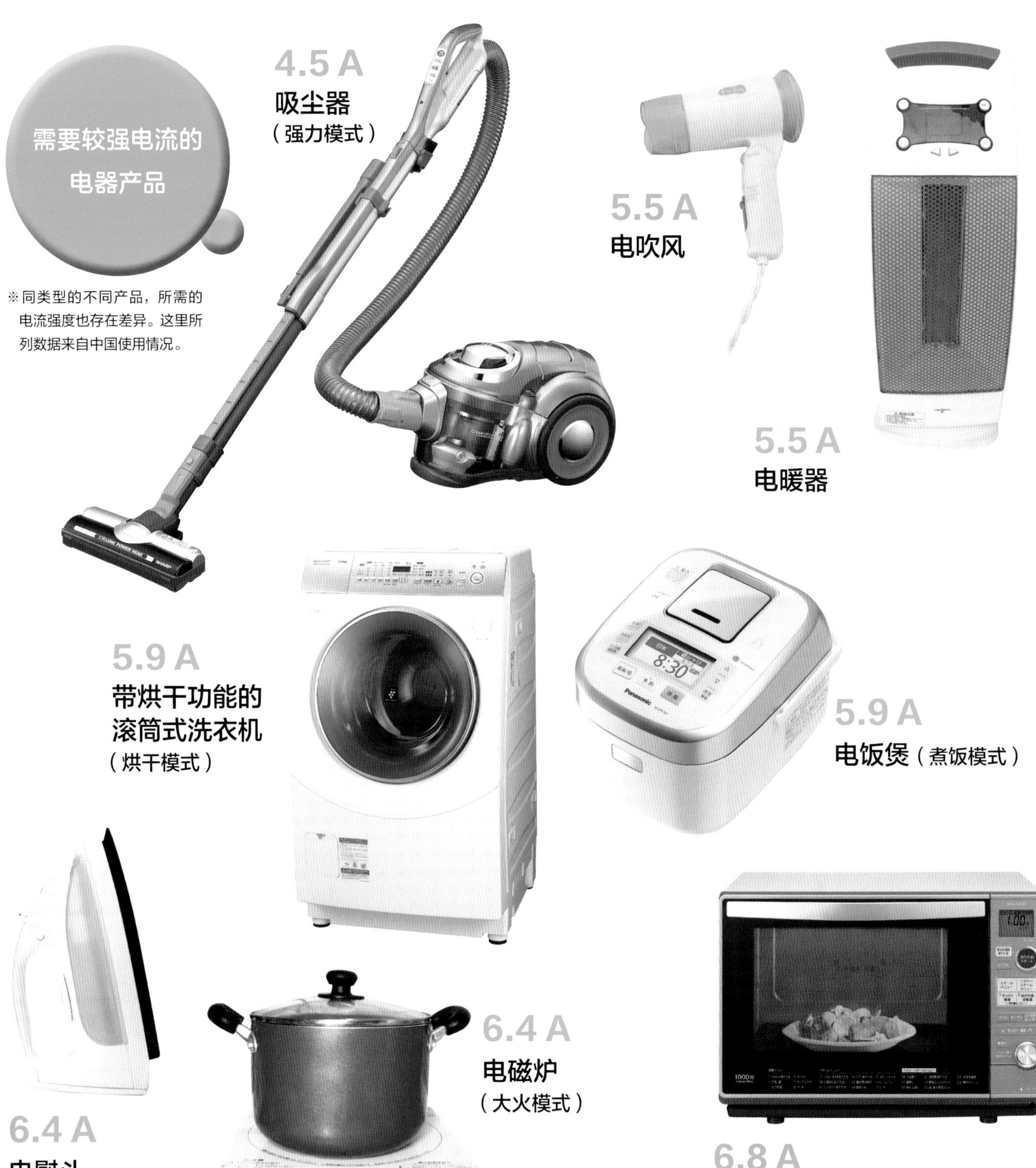

小知识 电流控制器*

在日本，建筑物内电流最先流经的地方就是电流控制器。当电流超过所定流量时，控制器会自动切断电流。

根据契约电流的不同，控制器的颜色也不同。契约电流越大，可同时使用的电器产品就越多。

名字被作为单位名称的人

安德烈·马利·安培

（1775—1836年）法国物理学家、数学家。安培从小热爱学习，阅书无数，通过自学成了大学教授，专注于电磁作用方面的研究。他发现了电流和电磁场的关系，并提出了安培定则（右手螺旋定则）。因为安培发现了电流现象，即电子按照一定方向移动的现象，所以人们用安培的名字来作为电流强度的单位。

* 在中国普遍使用的断路器有类似功能。——编者注

伏特是什么单位？

推动电子定向移动的力量就是电压，用伏特（V）这个单位来描述。电压越高，就能让越多的电子流动。

50万V的静电

●不同的物体相互接触或摩擦时产生的静电电压可达到数千至数万V。但是由于电流很弱，即使触电了，也不会产生很强烈的反应。图为人触摸电压为50万V的静电球时的效果。

1.5 V的干电池

● 日常使用的圆筒形干电池的电压为1.5 V。

名字被作为单位名称的人
亚历山德罗·伏特

（1745—1827年）意大利物理学家。他发现了不同的金属接触时会产生电，并在1799年发明了伏打电堆。1801年他在法国皇帝拿破仑面前演示了伏打电堆实验，拿破仑授予他一枚奖章并在几年后授予他伯爵称号。1881年，为了纪念伏特的卓越贡献，人们决定用他的名字作为电压的主单位。现在我们使用的干电池，都是根据伏打电堆的原理制造出来的。

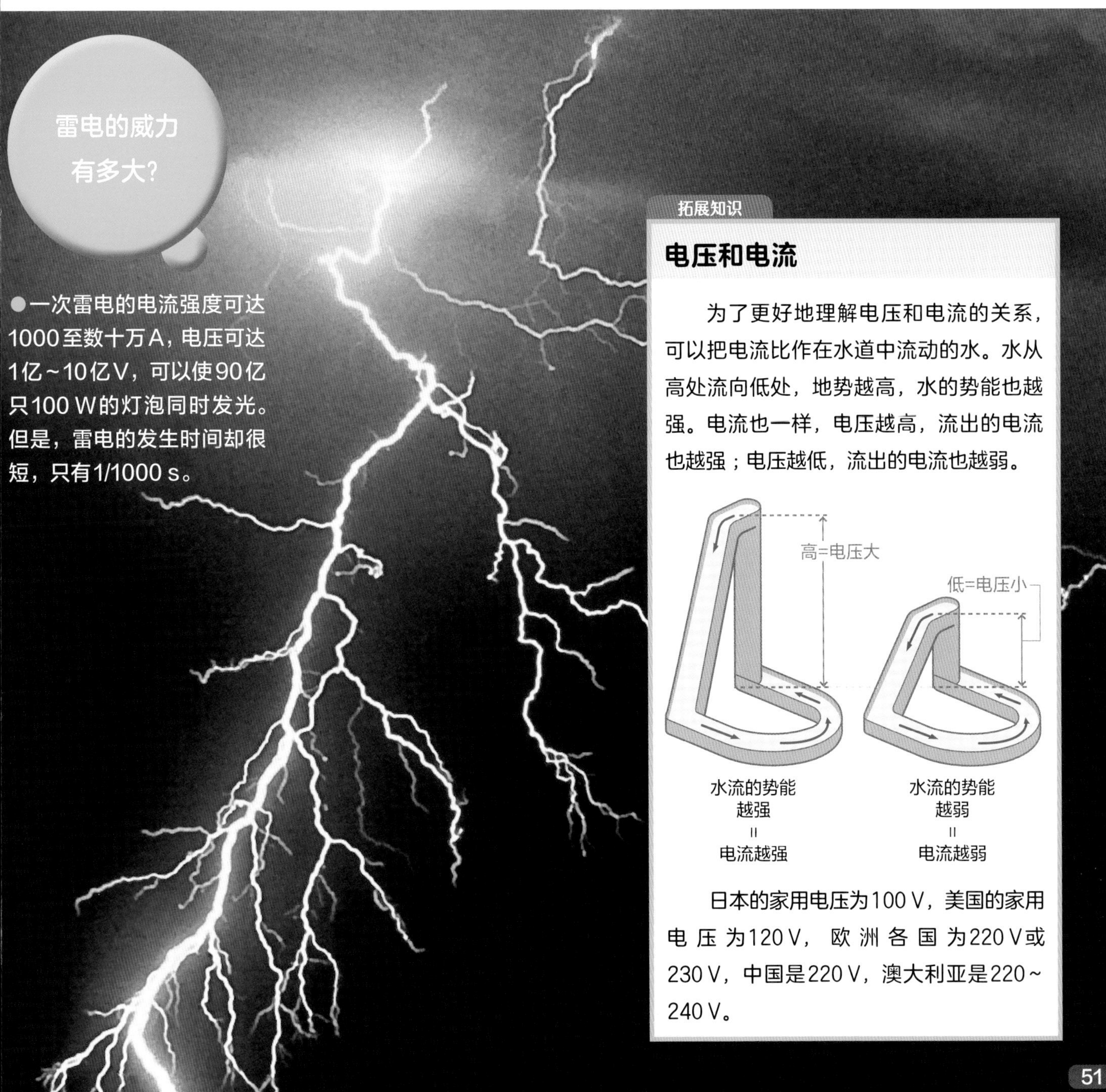

雷电的威力有多大?

● 一次雷电的电流强度可达1000至数十万A，电压可达1亿~10亿V，可以使90亿只100 W的灯泡同时发光。但是，雷电的发生时间却很短，只有1/1000 s。

拓展知识

电压和电流

为了更好地理解电压和电流的关系，可以把电流比作在水道中流动的水。水从高处流向低处，地势越高，水的势能也越强。电流也一样，电压越高，流出的电流也越强；电压越低，流出的电流也越弱。

日本的家用电压为100 V，美国的家用电压为120 V，欧洲各国为220 V或230 V，中国是220 V，澳大利亚是220~240 V。

瓦特是什么单位？

瓦特是用来表示1 s内灯泡发光、发动机转动所消耗的电能的单位，也就是功率单位。

功率和时间的乘积就是消耗的电量。

定格電圧	100V
定格周波数	50Hz
定格消費電力	960W

表示使用电压为100 V、频率（→第66页）为50 Hz的电源时，电器功率是960 W。

消耗电量（Wh）= 功率（W）× 时间（h）

●在1 V的电压下，1 A的电流通过时电功率就是1 W。100 W的灯泡使用1小时所消耗的电量为100 W×1 h=100 Wh，使用10小时消耗的电量为100 W×10 h=1000 Wh=1 kW·h。右图就是记录用电量的电表。用现在的数字减去上次记录的数字，就可以算出两次记录之间使用了多少电量。

电表

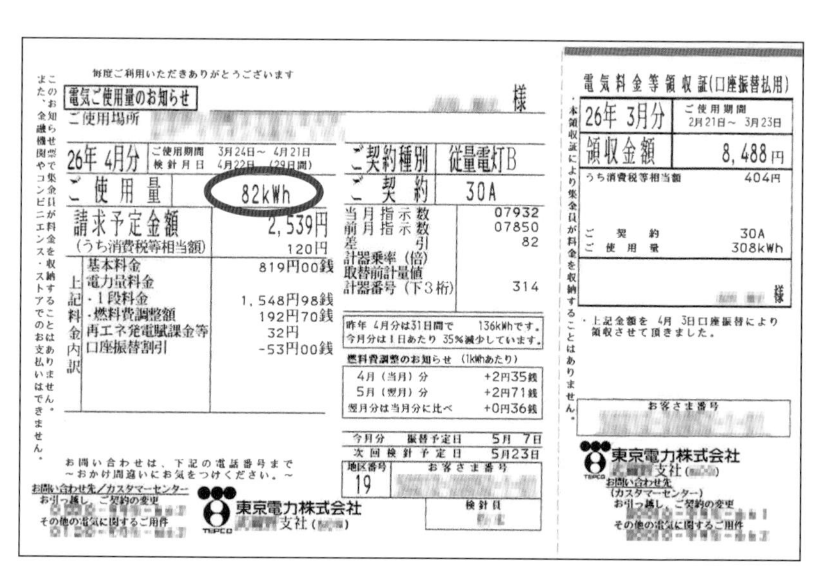

毎度ご利用いただきありがとうございます

電気ご使用量のお知らせ　　様

ご使用場所

26年 4月分	ご使用期間 3月24日～ 4月21日 検針月日 4月22日 (29日間)
ご使用量	82kWh
請求予定金額	2,539円
(うち消費税等相当額)	120円
上記料金内訳 基本料金	819円00銭
電力量料金	
・1段料金	1,548円98銭
・燃料費調整額	192円70銭
再エネ発電賦課金等	32円
口座振替割引	-53円00銭

ご契約種別	従量電灯B
ご契約	30A
当月指示数	07932
前月指示数	07850
差引	82
計器乗率(倍)	
取替前計量値	
計器番号(下3桁)	314

昨年 4月分は31日間で　136kWhです。
今月分は1日あたり 35%減少しています。

燃料費調整のお知らせ（1kWhあたり）

4月（当月）分	+2円35銭
5月（翌月）分	+2円71銭
翌月分は当月分に比べ	+0円36銭

今月分　振替予定日	5月 7日
次回検針予定日	5月23日

地区番号 19　お客さま番号　検針員

このお知らせ票で集金員が料金を収納することはありません。また、金融機関やコンビニエンス・ストアでのお支払いはできません。

お問い合わせは、下記の電話番号まで
～おかけ間違いにお気をつけください。～
お問い合わせ先／カスタマーセンター
お引っ越し、ご契約の変更
その他の電気に関するご用件
東京電力株式会社　支社

電気料金等領収証(口座振替払用)

26年 3月分	ご使用期間 2月21日～ 3月23日
領収金額	8,488円
うち消費税等相当額	404円
ご契約	30A
ご使用量	308kWh

様

・上記金額を 4月 3日口座振替により領収させて頂きました。

・本領収証により集金員が料金を収納することはありません。

お客さま番号

東京電力株式会社　支社
お問い合わせ先
(カスタマーセンター)
お引っ越し、ご契約の変更
その他の電気に関するご用件

日本电量消费明细*

●日本电力公司开具的“电量消费明细”记录了一个家庭一个月的用电量。

> **小知识　电费的计算**
>
> 电费单上记录着一个家庭一个月的用电量，电力公司会根据用电量来收取电费。

* 在中国，大部分家庭也会收到类似的电费通知单，用电量一般以kW · h（千瓦时，也就是我们所说的几度电的“度”）为单位。——编者注

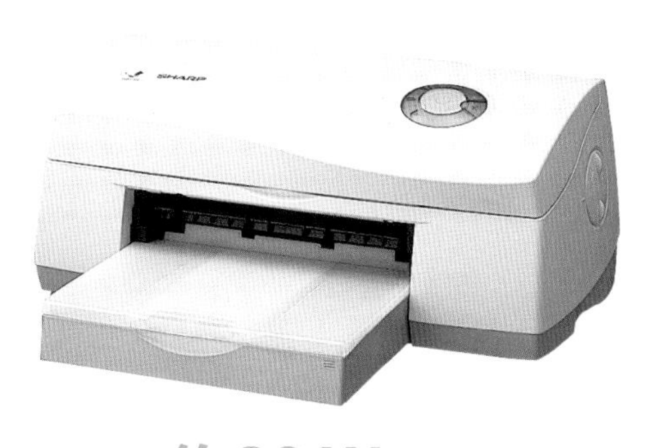

约20 W
喷墨打印机

约100 W
榨汁机

约200 W
电冰箱

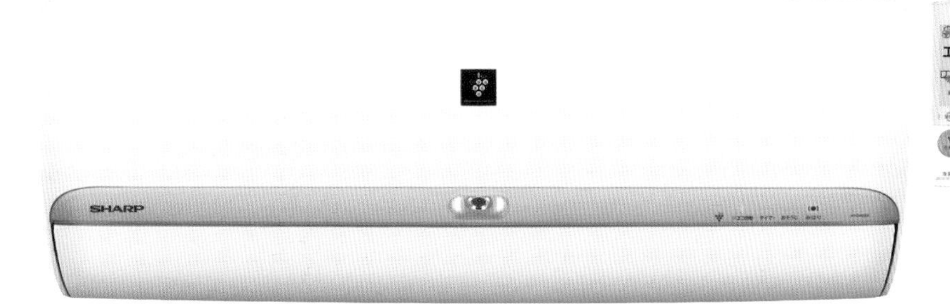

约1000 W
空调

约1000 W
咖啡机

约1200 W
带烘干功能的洗碗机

※同类型的不同产品，功率也存在差异。

拓展知识

瓦特与焦耳

当电力转化成热量时，这种热量就叫作焦耳热，单位是焦耳（J→第58页），1 J就是1 W的电器工作1 s所消耗的能量（电能）。100 W的白炽灯泡发亮1 s需要100 J的电能（因为白炽灯主要通过发热来产生光亮）。

名字被作为单位名称的人

詹姆斯·瓦特

（1736—1819年）英国工程师，因为改良了蒸汽机而闻名于世。瓦特出生于造船工人家庭，在家乡的大学里修理和研究设备时接触到了蒸汽机，于是开始专注于蒸汽机的改良工作。由于在当时人们用马来代替人力，因此瓦特用“马力（→第54页）”来表示蒸汽机的功率。后来，人们为了纪念瓦特的伟大功绩，就把功率的单位改为了“瓦特”。

马力是什么单位?

1 s

1马力有多大?

提升 1 m

75 kg

马力（hp/ps）原本的意思就是它字面的意思，指一匹马的力量，现在分为英制单位的马力（hp）和米制（公制）单位的马力（ps）来使用。

1公制马力意味着1 s内可以把75 kg重的物体提高1 m。

英国的马力

●现在英国使用的马力（英制马力）是由詹姆斯·瓦特定义的，属于英制单位。写作hp，1 hp≈745.7 W。

法国的马力

●法国使用的马力基于米制单位，量值接近于英制马力。符号是ps，1 ps≈735.5 W，比1英制马力略小。

不同的马力值

约0.1马力

普通成人

约0.5~0.7马力

环法自行车赛选手

约100马力

小轿车

卡罗拉Axio（丰田汽车）

约960马力

跑车

LaFerrari（法拉利）

※不同的小轿车和集装箱船的功率也存在差异。

约2万3000马力

新干线（N700系列16节编组）

约8万7000马力

集装箱船

NYK VENUS

拓展知识

一匹马的力量

为了展示蒸汽机出色的能力，詹姆斯·瓦特用一匹马的牵引能力作为单位来计算蒸汽机的工作能力。

现在描述小轿车和摩托车等交通工具的发动机性能时，也经常使用马力作为单位。

牛顿是什么单位？

牛顿（N）是用来衡量力的大小的一种单位。1 N是一个大约100 g的物体放在手心时，手心所承受的向下的重量（重力）。

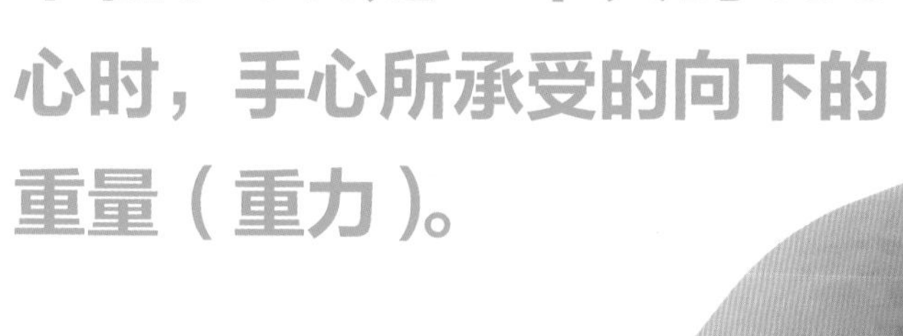

约1 N

力的方向

弹簧秤和天平

●秤一般分为用来测重量的秤（弹簧秤）和用来测质量的秤（天平）。弹簧秤内置弹簧，用来测量重力作用在物体上的力。使用天平时，要将砝码和待测物分别放在两端托盘里，两端平衡时就能测得待测物的质量。这是因为地球对砝码和待测物施加的重力是相同的，也就是待测物和砝码的重量相同，它们的质量也就相同。

弹簧秤

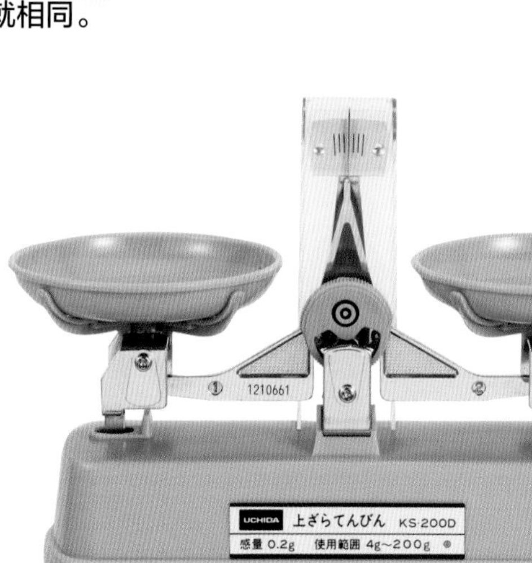

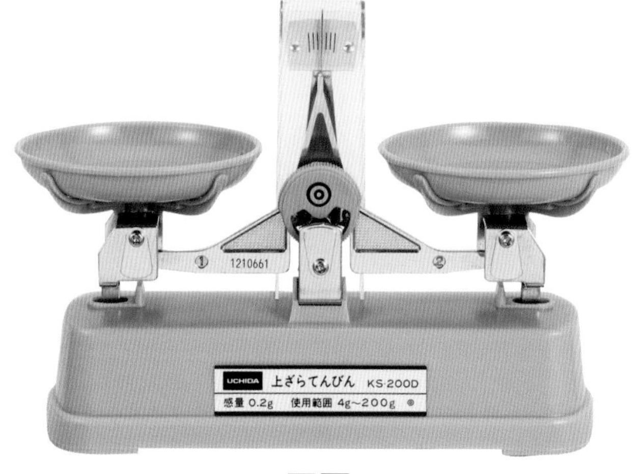

天平

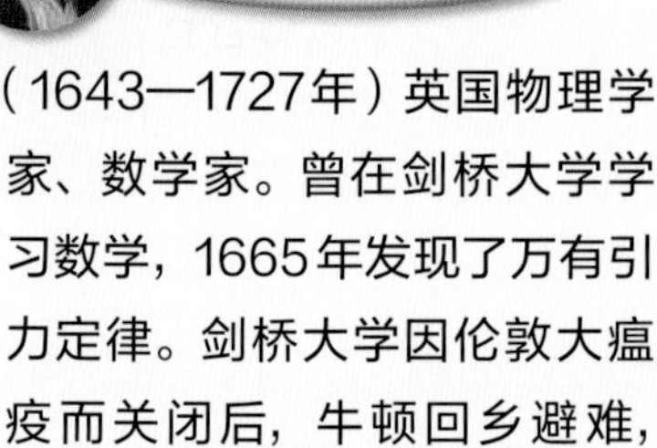

名字被作为单位名称的人

艾萨克・牛顿

（1643—1727年）英国物理学家、数学家。曾在剑桥大学学习数学，1665年发现了万有引力定律。剑桥大学因伦敦大瘟疫而关闭后，牛顿回乡避难，在1年半左右的时间里创立了微积分、发现了光的性质，这两项成就与万有引力的发现一齐并称为牛顿的三大功绩。这段时间在历史上也被称为“奇迹迭出之年”。

拓展知识

重量与质量

重量是物体受万有引力作用的大小，质量是物体含有物质的多少。质量不随物体空间位置和状态的改变而改变，重量会随着物体空间位置和状态的改变而改变。如右图所示，若物体的质量为600 g，作用在物体上的重力在地球上约为6 N，但在月球上约为1 N，因为月球的重力大约是地球的1/6。

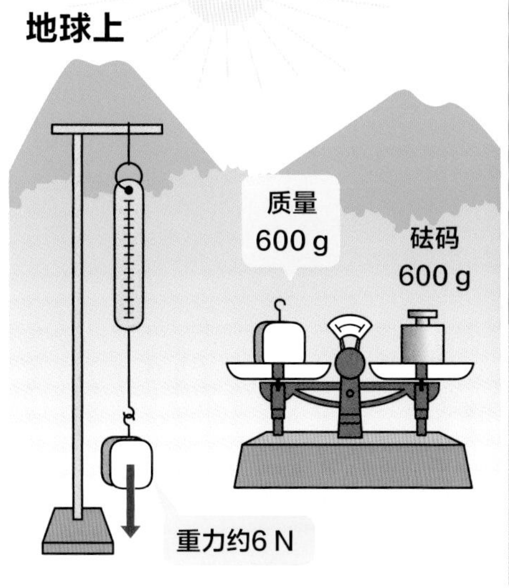

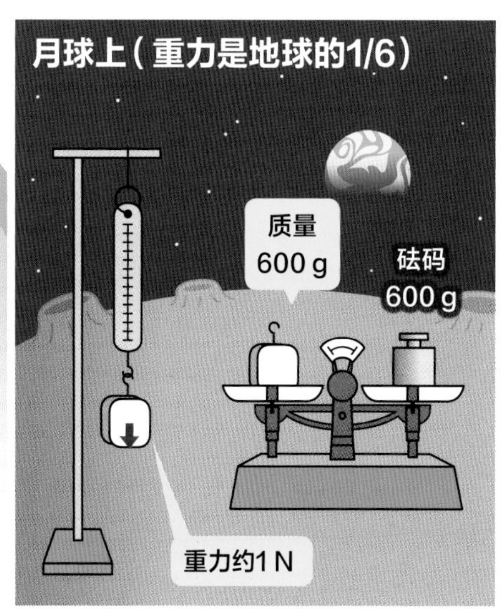

重量=作用在物体上的重力的大小（单位N）

质量=物体中物质的含量（单位g、kg等）

焦耳是什么单位?

焦耳（J）是用来表示功、能量和热量大小的单位。1 J等于约100 g（1 N→第56页）的物体沿着重力的方向*或重力的反方向*移动1 m所做的功。

（1 N→第56页）

10 J

●1 kg(10 N)的箱子被抬高1 m所做的功。

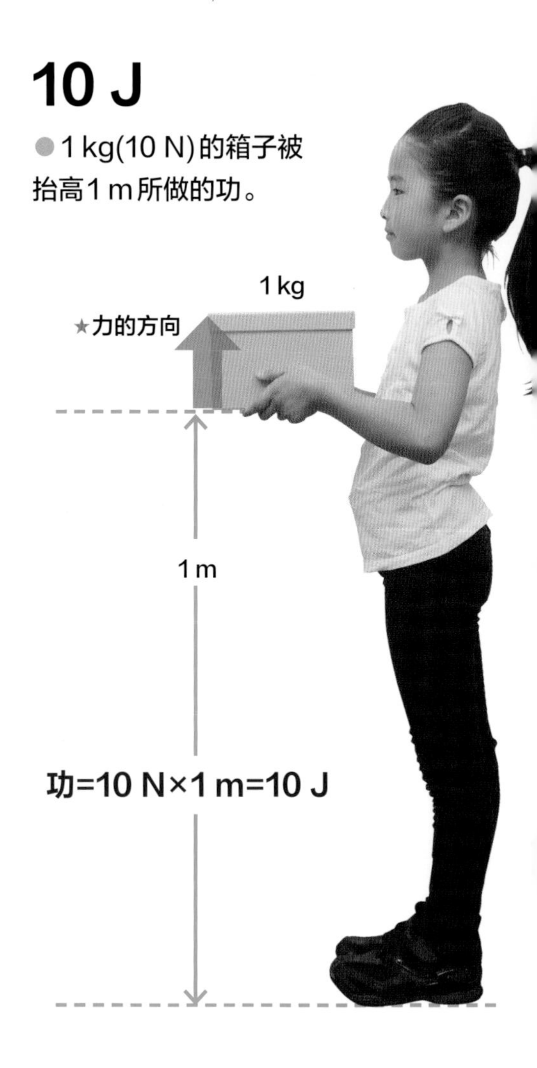

5000 J

●使用500 N的力将物体移动10 m所做的功。

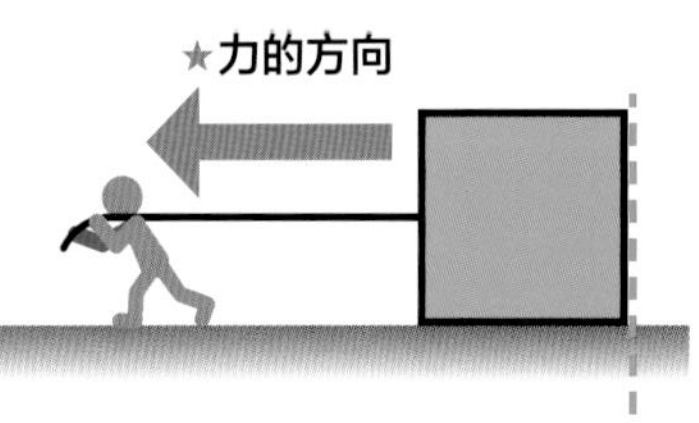

功=500 N×10 m=5000 J

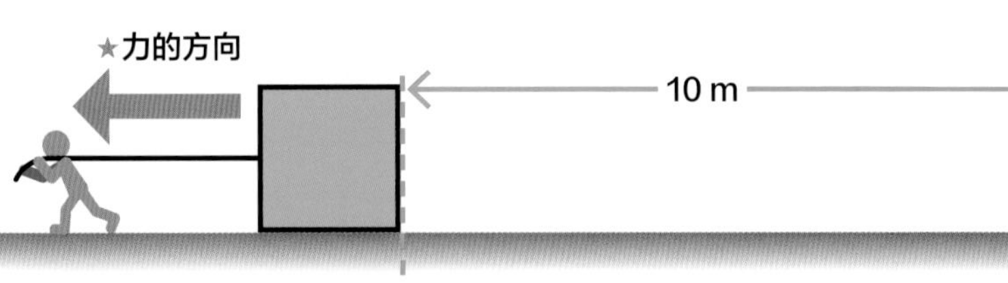

什么时候功为0呢?

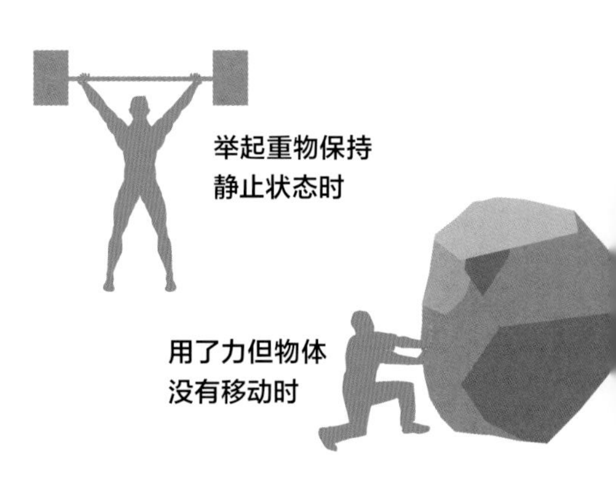

名字被作为单位名称的人

詹姆斯·普雷斯科特·焦耳

（1818—1889年）英国物理学家。小时候因为经常生病不能去学校，所以在家中接受了教育。长大后开始学习化学和数学，成年后继承了家族的啤酒厂，并继续从事研究工作。焦耳对热量和功的关系有着浓厚兴趣，1840年发现了电能转化成热能时遵循的“焦耳定律”。

拓展知识

表示能量的单位

能量用来表示物体做功的能力。以前不同种类的能量使用不同的单位，力学中的能量用“焦”作单位，电能用“瓦×秒”作单位，热能用卡路里*（cal）作单位。在物理学上，现在这3种能量都统一使用“焦”作单位。举例来说，把100 g的物体举高1 m所做的功与1 V·1 A（1 W）的电流工作1 s所做的功都是1 J。

* 在1个标准大气压下，1 g水温度升高1 ℃需要的热量是1 cal。

电能（J）= 电功率（W）× 时间（s）

●电通过电路时使电器发热、发光所做的功也用焦耳表示。（→第58页“拓展知识”部分）

电水壶

●假设功率为1200 W的电水壶将水烧开所需要的时间为1分钟，则消耗的电能为1200 W × 60 s =72 000 J。

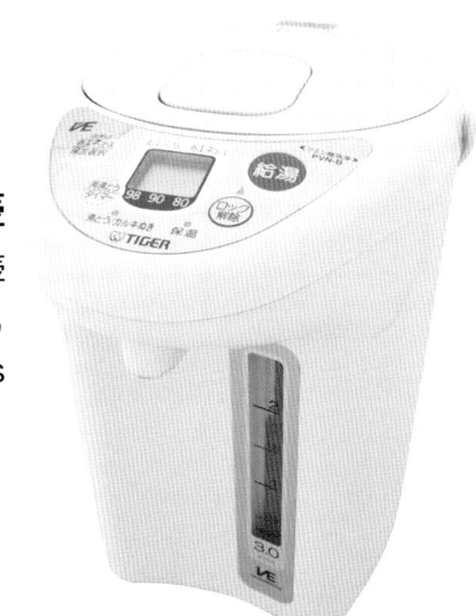

食品的热量也用焦耳表示

国际上规定加工食品的热量用焦耳表示

QUANTITÀ MEDIA		PER 100 g	PER PORZIONE (80g)
Valore energetico	kJ	1496	1197
	kcal	353	282
Proteine	g	14	11,3

意大利

意大利面

新西兰

玉米片

	Average Quantity per serving	% Daily Intake* (per serving)	Average Quantity per 100g
Energy	594kJ*	6.8 %	1980kJ
Protein	1.8g	3.6 %	6.1 g
Fat, total	7.4g	10.6 %	24.8g

德国

卡蒙贝尔奶酪

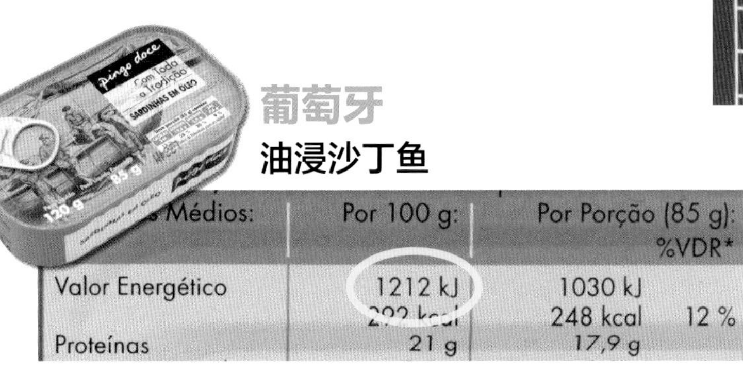

葡萄牙

油浸沙丁鱼

* kJ是“千焦”的意思（1 kJ=1000 J）。

拓展知识

焦耳与卡路里

在过去，热量用卡路里（cal）表示，现在则使用焦耳（J）。表示食物热量时，大部分国家使用焦耳，日本仍使用卡路里。卡路里和焦耳的换算关系如下。

1 cal ≈ 4.2 J　　1 J ≈ 0.24 cal

小知识

能量守恒定律

能量有很多种类，它们可以相互转化。化学能可以通过化学反应转化成热能，动能可以通过摩擦转化成热能，电能可以通过发热转化成热能（所有能量最终都将转化成热能）。但是不管如何转化，变化前后的能量总量是相等的。这就叫作能量守恒定律。

帕斯卡是什么单位?

帕斯卡（Pa）是表示压强（作用在物体表面一定面积上的力）的单位。

1 Pa是1 N（→第56页）的力垂直作用在面积为1 m²的物体表面时所产生的压强。

1 Pa

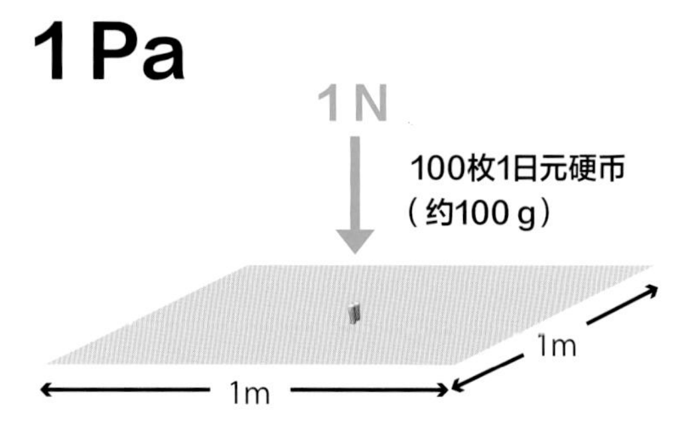

10 Pa

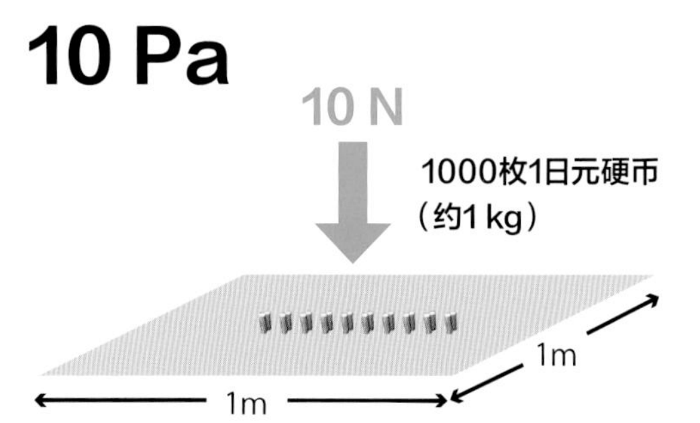

100 Pa（1 hPa）

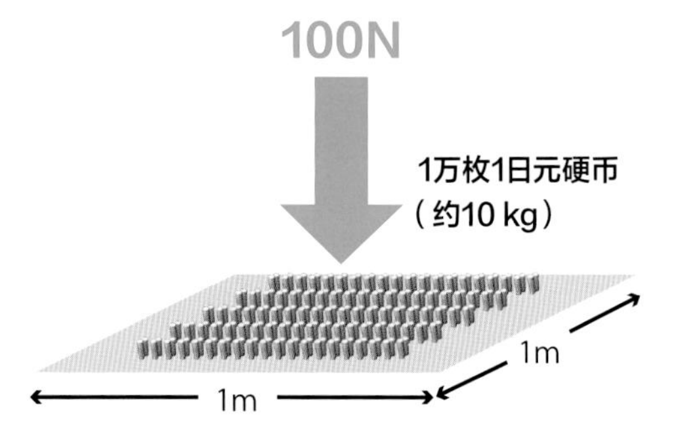

标准大气压

●地球表面空气造成的平均压强（气压）是1 013.25 hPa（百帕），也称为1个标准大气压。相当于1万kg的砝码放在面积为1 m²的平板上时，对平板产生的力。与之相比，台风中心的气压要低很多。2013年第30号台风袭击菲律宾，其中心气压仅为895 hPa。

拓展知识

毫巴与帕斯卡

气象学中曾经用“巴”（bar）作为压强的单位，气压用毫巴（mbar）来表示，1 mbar=1/1000 bar。后来改用国际单位制中的“百帕”。但是由于1 mbar=1 hPa,所以在数值上是没有变化的。

NASA image by Jeff Schmaltz, LANCE/EOSDIS Rapid Response

小知识 台风的结构

台风是空气中形成的巨大气旋。下层气流围绕台风中心逆时针旋转上升，上层气流顺时针流出。台风中心空气稀薄，气压比较低。

气压的变化

海拔越高的地方，大气压强越小。

水压的变化

在水中，深度每增加10 m，水压就会增加1个标准大气压。

大气中

珠穆朗玛峰(8 848.86 m)
约300 hPa

富士山(约3776 m)
约630 hPa

海拔1000 m
约900 hPa

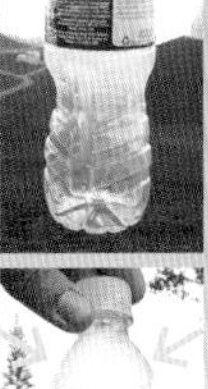

高海拔处的塑料瓶

移动

低海拔处的塑料瓶

在海拔高的地方(气压低的地方)将一只塑料瓶瓶盖拧紧，带到海拔低的地方(气压高的地方)时，塑料瓶会因为外部压力增大而变瘪。

海拔0 m
1 013.25 hPa(平均气压)

水中

海拔0 m
1 013.25 hPa

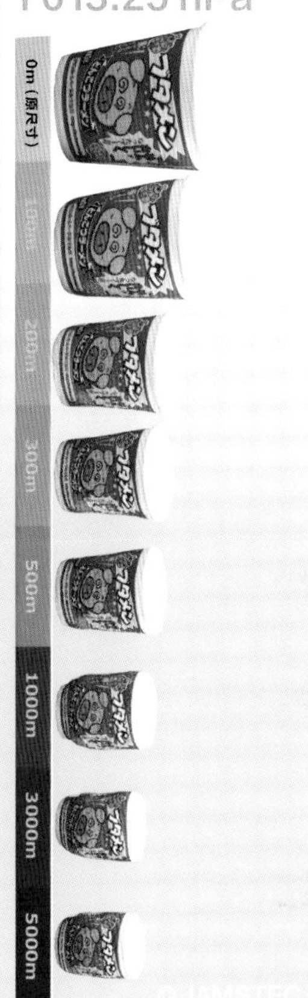

在高压实验水槽中对泡面盒进行施加压力的实验。实验结果表明，水越深的地方，水压越大，泡面盒就会被压得越扁。

名字被作为单位名称的人
布莱士·帕斯卡

(1623—1662年)法国数学家、物理学家，被称为跨领域的天才。1642年发明了由齿轮带动的计算器，现在的水表、电表、汽车里程表仍使用着与之相同的原理。帕斯卡一生有诸多发现，如压力方面的“帕斯卡定律”、几何中的“帕斯卡定理”和代数中的“帕斯卡三角形”等。同时，他也是一位有名的哲学家，其著名格言有“人是一根会思考的芦苇”等。

震级是什么？

震级（M）是表示地震规模的单位。通常在数值前加上M来表示。

震级每增加1级，地震所释放的能量增加约32倍，增加2级则地震释放的能量增加约1000倍。

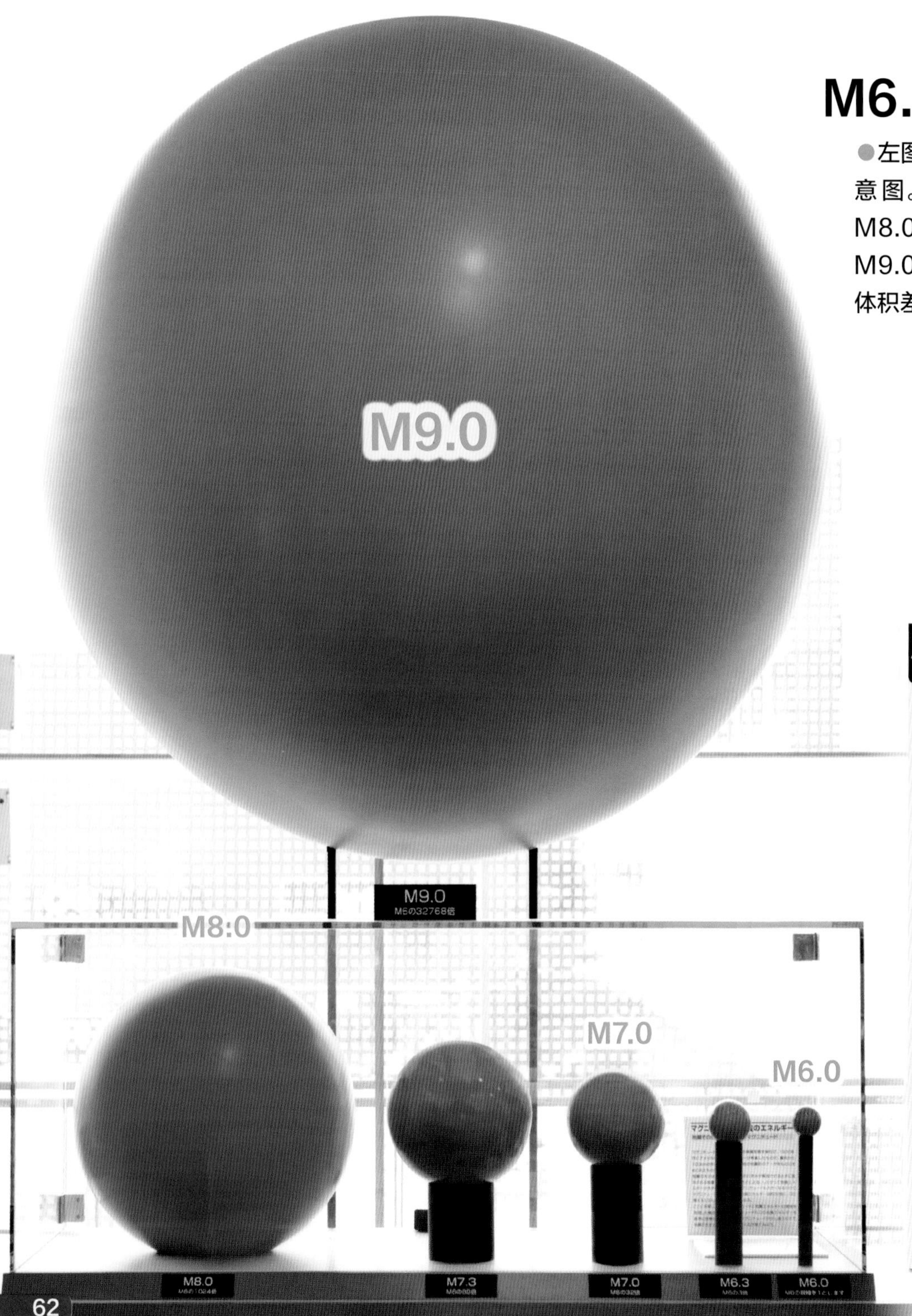

阪神大地震纪念　人与防灾未来中心展示

M6.0和M9.0的不同

●左图的照片中是M6.0到M9.0的示意图。M9.0大到可以装下M6.0到M8.0之间所有的球。如果拿M6.0和M9.0相比的话，就好比地球和太阳的体积差距。

小知识　震级的发明者

震级是美国地震学家查尔斯·弗朗西斯·里克特在1935年研究美国加利福尼亚州地震时制定的。里克特提出，在距离震源100 km的地方设置标准地震仪，用地震仪上所记录的摇摆幅度来表示地震的大小（实际计算的时候要考虑摇摆的幅度和震源的距离）。震级在美国一般被叫作里克特震级（里氏震级）。震级（magnitude）这个词是由拉丁语中表示“大”的magnus和英语中表示“性质”的tude组成的。

地震的能量

●M8.0等于把7亿吨的砝码举高约10 km所需要的能量。如果用电能来描述，则等于输出功率约为175万kW的发电厂1年的发电量。右表为震级与地震程度的关系。

地震程度	震级
巨大地震	M8.0
大地震	M7.0以上
中地震	M5.0~7.0
小地震	M3.0~5.0
微小地震	M1.0~3.0
超微小地震	M1.0以下

小知识 **震级的数值**

震级的数值每增加1，地震释放的能量就增加约31.6倍；每增加2，释放的能量就增加31.6×31.6倍，也就是约1000倍；每增加3，则增加约31 623倍。但这么巨大的数字既不易懂也不方便，因此用M1、M2、M3、M4等来表示。这种换算方式叫作对数运算，其关系如右图所示。

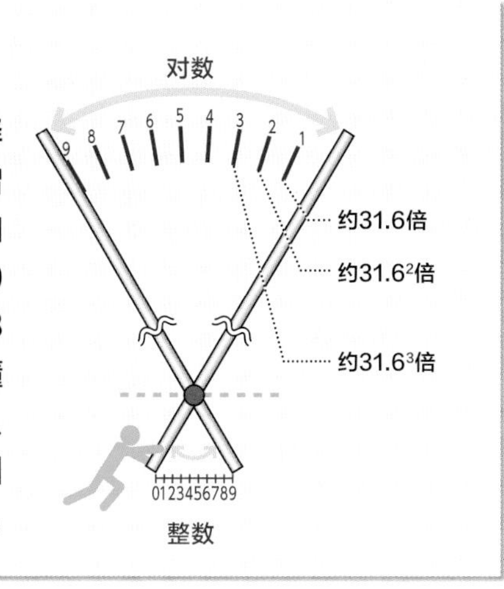

震级和震度

●震级表示地震规模，震度则表示一个地区受地震影响的程度。我们可以拿灯泡来做对比，灯泡本身作为光源，它的发光强度单位为坎德拉（→第44页），被灯泡照射的物体表面的光照度单位为勒克斯（→第46页）；同样地，震级就像坎德拉，震度就像勒克斯。也就是说，如右图所示，即使震级很大，但因为离震源比较远，震度却很小，或者虽然震级很小，但离震源很近的地方，震度会很大。

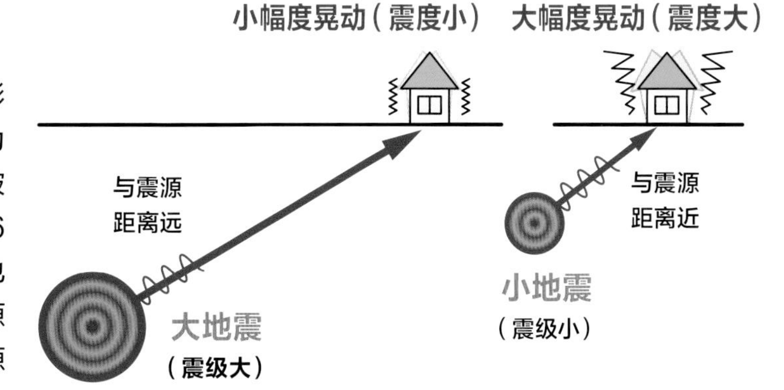

历史上发生的巨大地震

照片来源：日本仙台市

照片来源：AP/Aflo

分贝是什么单位？

在施工现场等噪声很大的地方，有时会设有监测噪声和振动的设备。

分贝（dB）是可以表示声音大小的单位，也可以用来表示噪声的等级。

普通人勉强能听到的声音被定为0 dB，dB的数值越大，人听到的声音就越大。

声音大小的比较

0dB	10dB	20dB	30dB	40dB	50dB
能够听到的极限	非常安静	安静		普通	
普通人勉强能够听到的非常小的声音	呼吸声	钟表秒针走动的声音	悄悄话的声音	小雨的声音	安静的公园
	蝴蝶扇动翅膀的声音	树叶摩擦的声音	穿衣服的声音	图书馆里的声音	换气扇的声音
		下雪的声音		远处蛐蛐的声音	

拓展知识

声音的传递原理与分贝

声音通过引起空气等介质的振动而传递到人的耳朵，并通过大脑来识别。

空气的振动强度被称作声压，声音的大小用声压的等级来表示，而声压等级（声音大小）的单位是分贝。

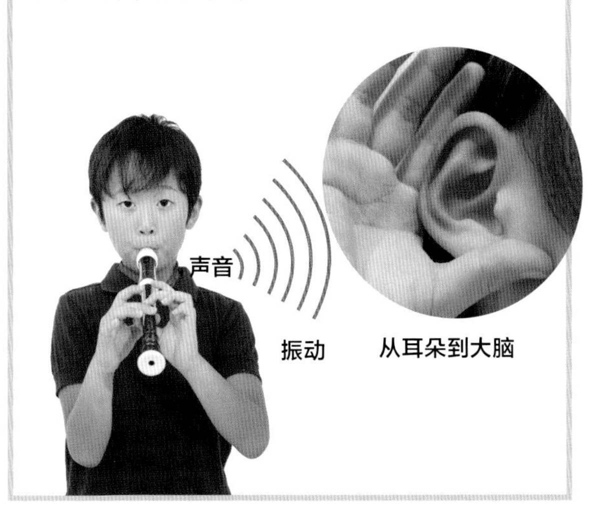

小知识 别太吵也别太安静

不同的人或者不同状态时的同一个人，对于同样分贝的声音的感觉是不同的。但一般来说，大多数人都会觉得60～70分贝以上的声音吵闹。声音过大会让人感到压力，但是完全没有声音也会让人感到压力。为什么这么说呢？因为人类会通过声音来判断周围的环境是否安全，完全没有声音会让人陷入不安的状态。

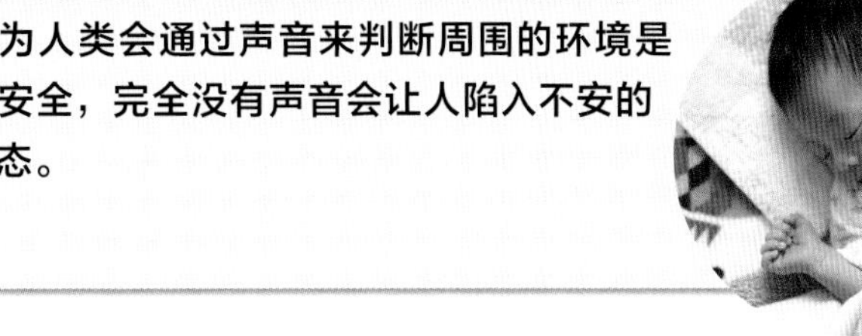

名字被作为单位名称的人

亚历山大·格雷厄姆·贝尔

（1847—1922年）美国科学家、发明家。因发明了世界上第一台实用型电话而闻名于世。“分贝（decibel）”是在他的姓氏“贝尔（Bell）”前面加上表示1/10的“分（deci-）”而组成的。

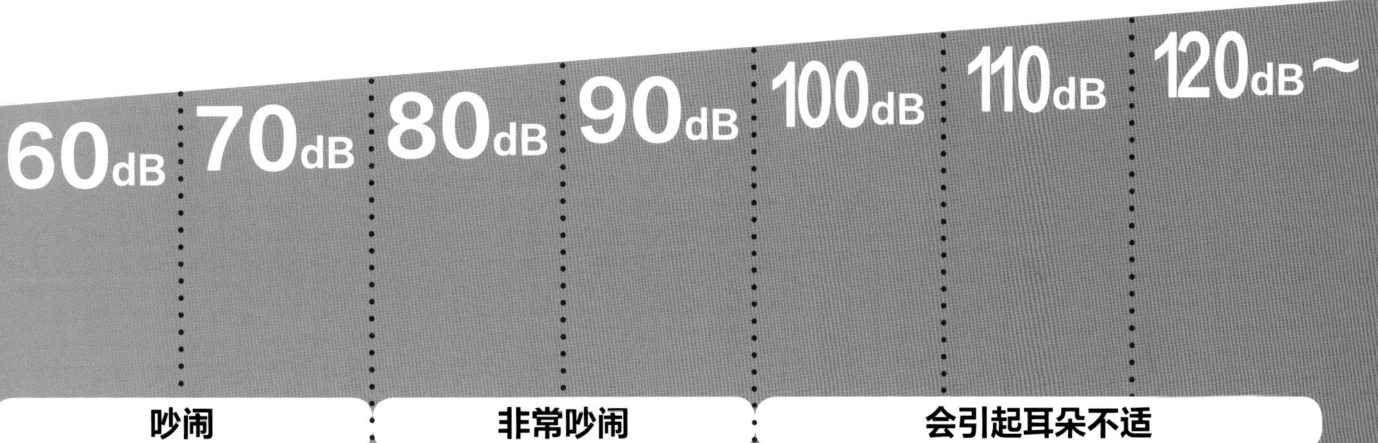

平时的谈话声

蝉鸣声

施工现场

狗叫声

电车通过天桥时桥下的声音

汽车喇叭声

飞机的引擎声

学校的铃声

吸尘器声

电影院的声音

瀑布声（近处）

KTV房间内的声音

救护车、消防车、警车的警笛声

近距离的雷声

冲马桶声

雷阵雨声

赫兹是什么单位？

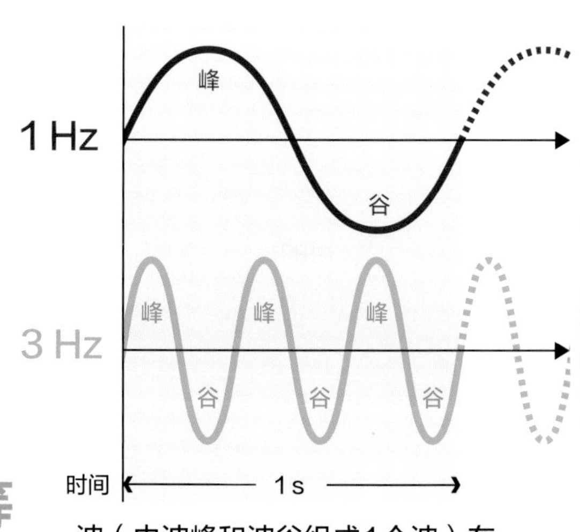

波（由波峰和波谷组成1个波）在1 s内振动1次即1 Hz，1 s内振动了3次就是3 Hz。

赫兹（Hz）是表示声波或电波等在一定时间内完成周期性变化的次数的单位，也就是频率单位。

1 Hz等于1 s完成1次振动（周期变化）。声波、电波、光波的性质会随其频率的改变而发生变化。

声音的高低与频率

●声音的高低是由振动次数（频率）来决定的。频率越高，声音就越高。

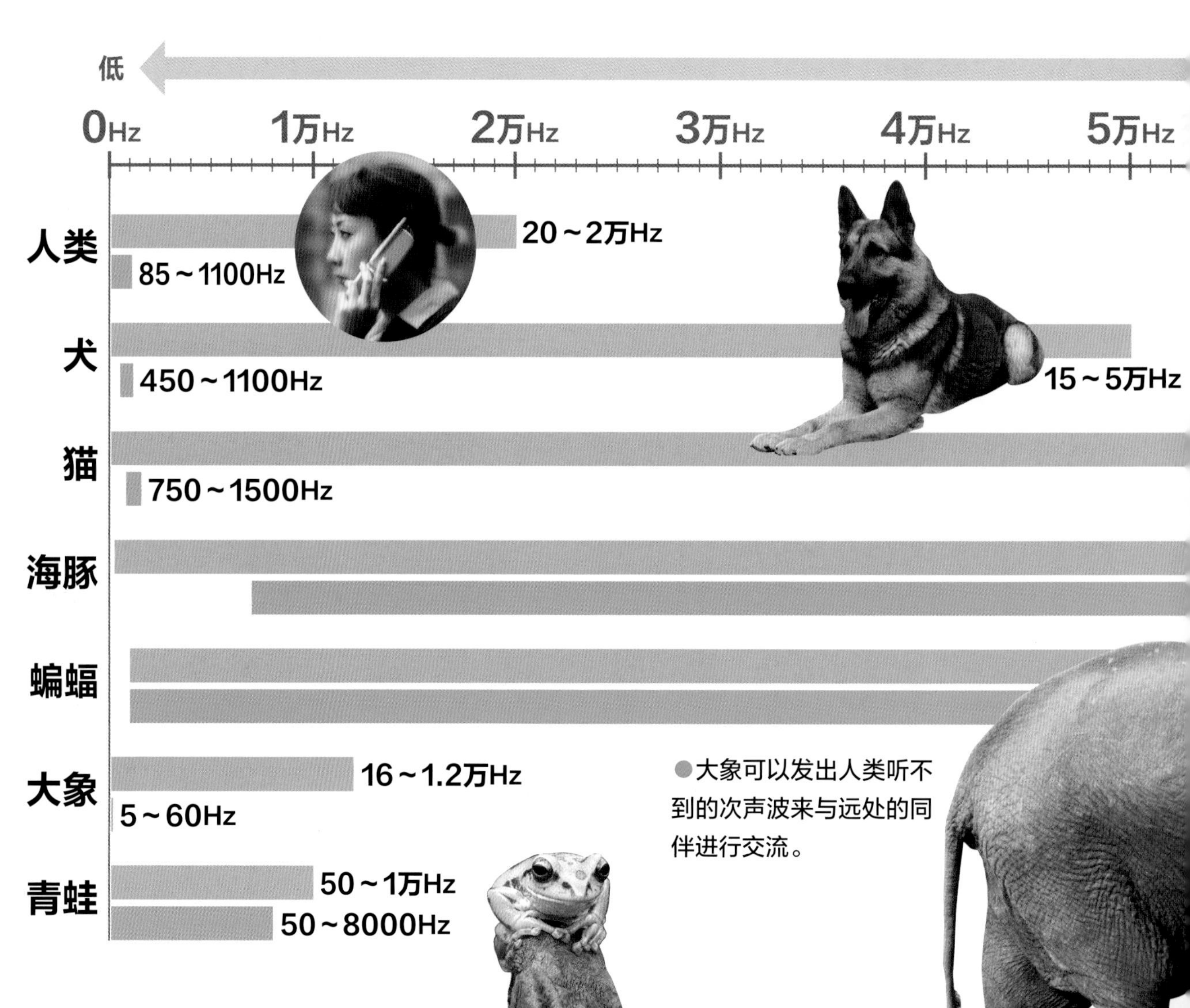

●大象可以发出人类听不到的次声波来与远处的同伴进行交流。

拓展知识

电波与频率

电波的频率不同，传播方式也不同。目的不同，使用的电波的频率也不同。

低 ← 频率 → 高

低频 （LF） 30～300 kHz	中频 （MF） 300～3000 kHz	高频 （HF） 3～30 MHz	甚高频 （VHF） 30～300 MHz	特高频 （UHF） 300～3000 MHz	超高频 （SHF） 3～30 GHz
●无线电时钟	●轮船、飞机导航信号 ●业余无线电台 ●AM（调幅）广播	●轮船、飞机无线电 ●业余无线电台 ●短波广播	●防灾无线电 ●警察无线电 ●消防无线电 ●FM广播	●手机 ●数字地面电视 ●微波炉	●卫星通信 ●卫星广播 ●地面通信

※电波和射线（→第74页）都被认为是电磁波，只是频率不同。

小知识

国际标准音的频率是440 Hz

1939年举行的国际标准音会议上，将管弦乐演奏前调音时440 Hz的“la”音作为标准音。与音乐或广播有关的声音都以标准音的频率为基准。日本NHK广播的报时声音就是440 Hz的“la”响3下后，880 Hz的高音“la”响一下。

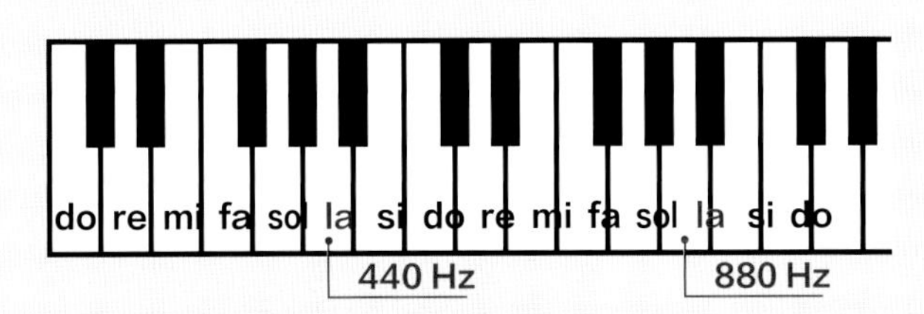

名字被作为单位名称的人
海因里希·鲁道夫·赫兹

（1857—1894年）德国物理学家，1888年用实验证实了电波的存在。赫兹去世后，很多科学家继续进行电波的研究，1901年，意大利的伽利尔摩·马可尼利用电波成功实现了世界首例无线电通信。

高

6万Hz　7万Hz　8万Hz　9万Hz　10万Hz　11万Hz　12万Hz

60～6.5万Hz

夜行的飞蛾可以发出40万Hz的声音

●海豚在海洋中利用自身发出的超声波来与同伴交流和寻找食物。

150～10万Hz

7000～12万Hz

1000～12万Hz

1000～12万Hz

※能够听到的和能够发出的声音频率范围即使在同种动物中也存在个体差异。

摄氏温度是什么温度？

在1个标准大气压（→第60页）下，将冰水混合物的温度（水的熔点）定为0摄氏度，水沸腾的温度定为100摄氏度，其间平均分为100份，那么每一等份就为1摄氏度，记为1℃。

●摄氏度被广泛当作气温、体温等温度的单位。

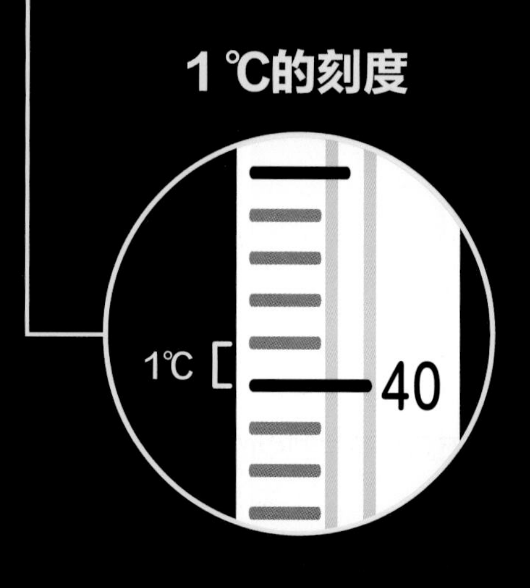

日常生活中物体的温度

※在一般情况下的温度。

3～6 ℃
冰箱冷藏室

−20～−18 ℃
冷冻室

3～8 ℃
保鲜室

100～120 ℃
电吹风（最高温度）

80～120 ℃（低）
140～160 ℃（中）
180～210 ℃（高）
电熨斗

800～1000 ℃
打火机的火焰

1700 ℃
煤气炉的火焰

2500 ℃
火柴的火焰（点燃瞬间）

拓展知识

摄氏和华氏

表示温度的单位有摄氏度（℃）和现在美国等国家使用的华氏度（℉）。华氏度以盐水混合物凝固时的温度和男性平均体温为参考来设定：将相同量的冰水和盐混合得到的温度（大约−18℃）定为0℉，男性正常情况下的血液温度定为96℉（约35.6℃，当时测得的这个数据不够准确，实际正常血液温度比35.6℃高约2.4℃）。而国际单位制中的热力学温度的单位叫作“开尔文（K）”（→第70页）。

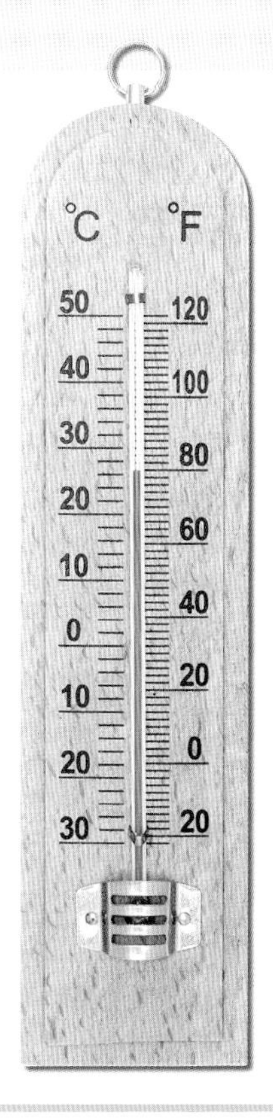

左半部分表示摄氏温度，右半部分表示华氏温度的温度计。

名字被作为单位名称的人
安德斯·摄尔修斯

（1701—1744年）瑞典天文学家、物理学家。他在1742年提出了摄氏温度的理论，当时他把水的沸点定为0 ℃，水的熔点定为100 ℃。1743年，法国物理学家、数学家让-皮埃尔·克里斯坦又重新定义水的沸点为100 ℃，熔点为0 ℃。“摄氏度”的名称来源于“摄尔修斯”中的“摄”，再加上表示人名的“氏”。

华氏温度则是以其发明者德国物理学家丹尼尔·加布里埃尔·华伦海特（1686—1736年）的姓氏命名的，单位名称“华氏度”就来源于“华伦海特”中的“华”，加上表示人名的“氏”。

小知识

人体感知冷热的原理

人的皮肤表面分布有感知热的温点和感知冷的冷点。由于冷点的数量多于热点，因此比起热和烫，人们更容易感到冷和凉。

开尔文是什么单位？

开尔文（K）是表示温度的单位之一，主要使用在物理学领域。

开尔文不仅是热力学温度的单位，也是色温的单位。色温是专门用来量度光线的颜色成分的物理量。

摄氏温度与热力学温度的刻度间隔相同

℃	K
100	373.15
0	273.15
−273.15	0

绝对温度的单位

●温度是由构成物质的分子或者原子（→第73页）的运动产生的。分子或者原子完全停止运动时的温度称为绝对零度，使用摄氏温度计量的话，就是−273.15 ℃。−273.15 ℃=0 K，以开尔文（K）为单位，且刻度间隔与摄氏温度相同的这种温度就是绝对温度。*

−273.15 ℃=0 K

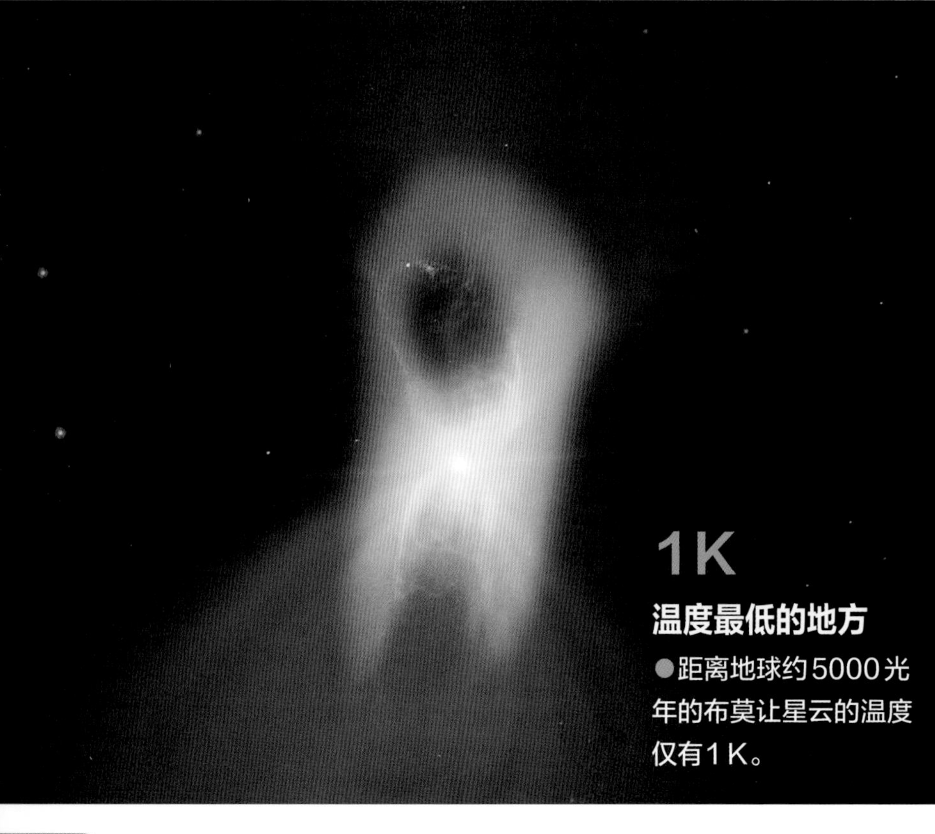

1K

温度最低的地方

●距离地球约5000光年的布莫让星云的温度仅有1 K。

名字被作为单位名称的人

威廉·汤姆森

（1824—1907年）英国物理学家，发明了热力学温度。因为巨大的科学成就，他于1892年被授予爵位，成为开尔文男爵，这就是单位“开尔文”的由来。据说威廉·汤姆森从事研究工作时居住在苏格兰，那里有一条河的名字就叫“开尔文”。

* 2018年第26届国际计量大会投票通过，改以玻尔兹曼常数来定义“开尔文”。——编者注

用开尔文表示
太阳系中天体表面的平均温度

●太阳表面的温度为5778 K(约5505 ℃)，太阳中心部分的温度则超过1500万K。虽然水星是距太阳最近的星球，但它表面的温度不如被厚厚的大气层覆盖的金星表面的温度高。

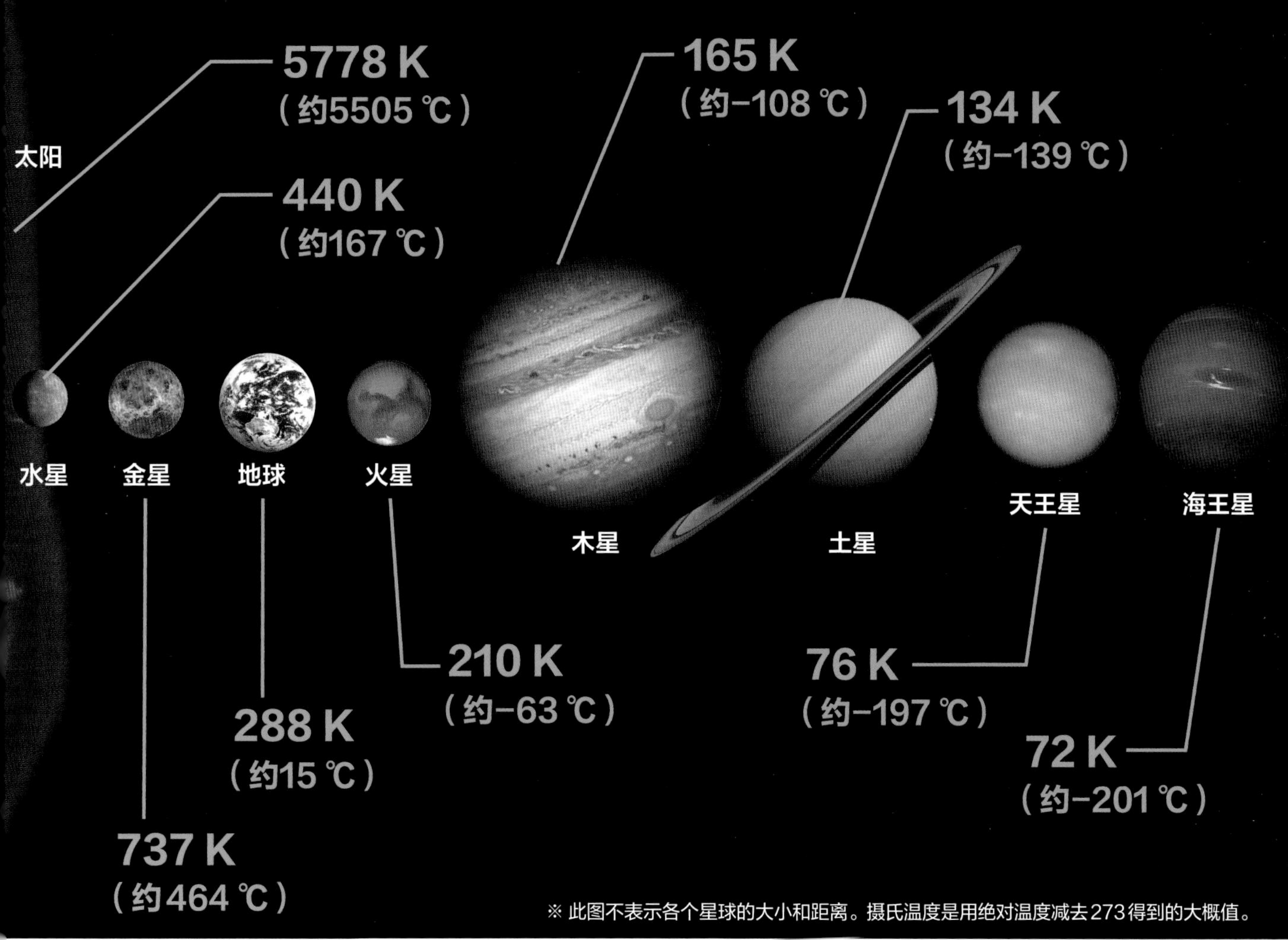

※ 此图不表示各个星球的大小和距离。摄氏温度是用绝对温度减去273得到的大概值。

© NASA/SDO/Steele Hill　© NASA　© NASA/Damian Peach　© NASA/JPL/Space Science Institute　图片提供：NASA Planetary Fact Sheet

色温

●色温是表示光源中颜色成分的尺度，单位为开尔文。光的颜色与色温之间有一定的关系。色温越低，光的颜色越接近红色；色温越高，光的颜色越接近蓝色。

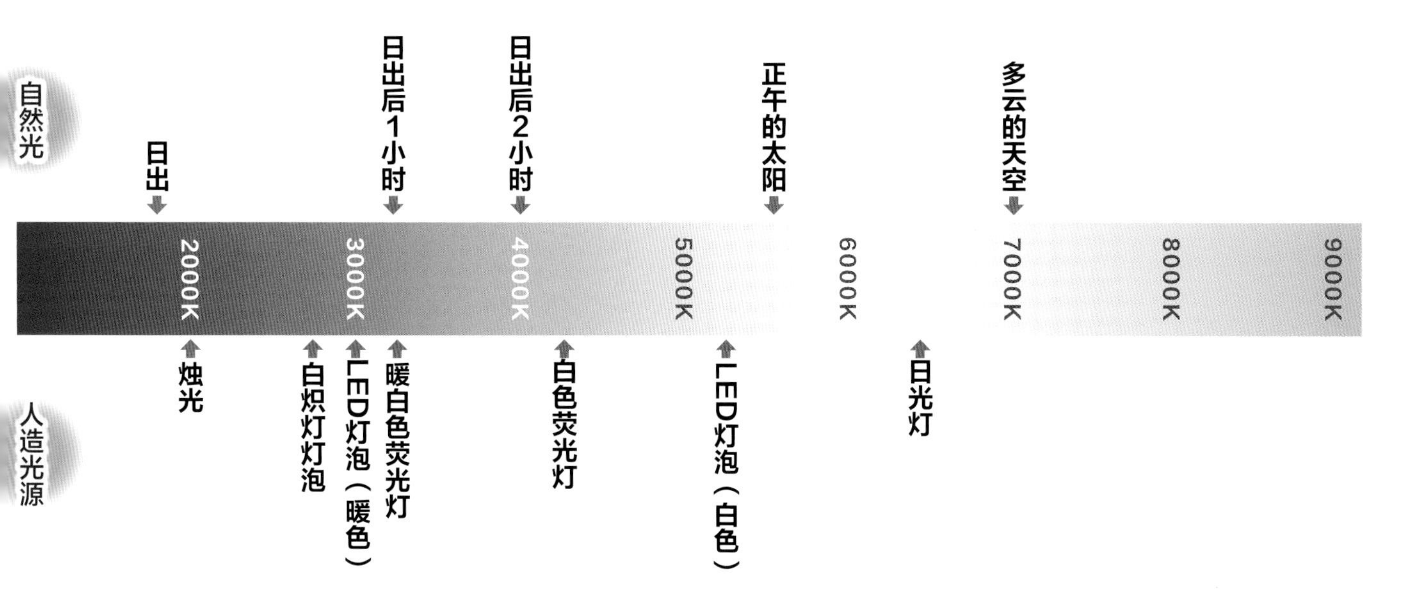

摩尔是什么单位?

摩尔（mol）是表示构成物质的原子、分子、离子等的量（物质的量）的单位。

1 mol是什么?

●摩尔曾经作为质量单位使用，现在摩尔被定义为“1摩尔包括6.022 140 76×10^{23}个基本物质的物质的量”，这个数字相当大。

10个

$$1\ \text{mol} \approx 6 \times 10$$

6×10^{23}到底有多大?

如果把1个原子看作1颗沙粒，那么1 mol的原子有30座富士山那么多。

同是1 mol的物质，重量（质量）不同

●1 mol的不同物质，重量（质量）也不同，这是因为构成物质的单个粒子的质量不同。6×10^{23}个水分子的质量是18 g，铝是27 g，盐是58.5 g，砂糖是342 g。

水

铝

盐

砂糖

※ 容器的质量已被减去。

拓展知识

什么是原子和分子？

化学反应中最小的粒子叫原子。一定数量的原子可以组合成具有一定化学性质的物质，保持这种物质的化学性质的最小粒子是分子。把高尔夫球（直径约4 cm）放大到地球（直径约12亿cm）那么大时需要放大约3亿倍，把氢原子（直径约1亿分之1 cm）放大到高尔夫球那么大时，则需要放大约4亿倍。

水分子

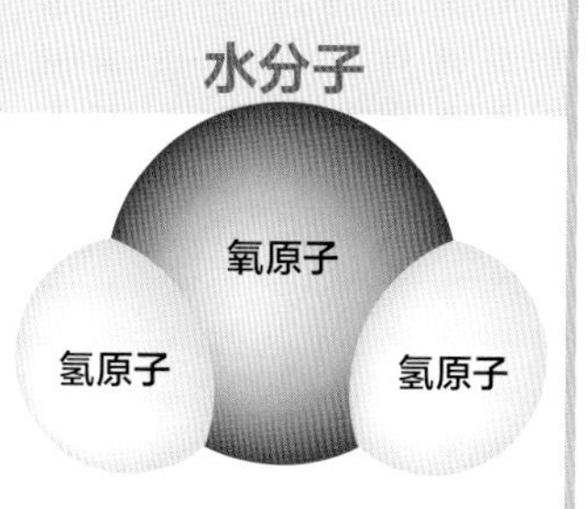

氢原子和氧原子结合，形成具有“水”的性质的水分子。

小知识

与“打”的情况相同?!

“打”是表示数字12的单位。比如说，铅笔12支就是1打，24支就是2打，36支就是3打……与铅笔的长短粗细无关。同样的道理，集齐了1组、2组、3组6×10^{23}，就是1 mol、2 mol、3 mol。

贝可勒尔是什么单位？

贝可勒尔（Bq）是表示放射性活度的单位，表示放射源在1秒内放射出的射线的数量。

贝可勒尔数值越大，放射性活度越强。

●“放射性活度”指的是释放射线的能力。

图中拍摄的是水仙释放出的天然射线。颜色较亮的部分就是水仙中所含的钾-40，颜色越亮的部分放出的射线也越多。

1 Bq

每秒有一个原子发生衰变，放射1次射线。

●射线分为α（阿尔法）射线、β（贝塔）射线、中子射线等粒子线，以及与光和电波性质相似的电磁波。电磁波中的γ（伽马）射线具有非常高的能量。

20 Bq

每秒有20个原子发生衰变，放射20次射线。

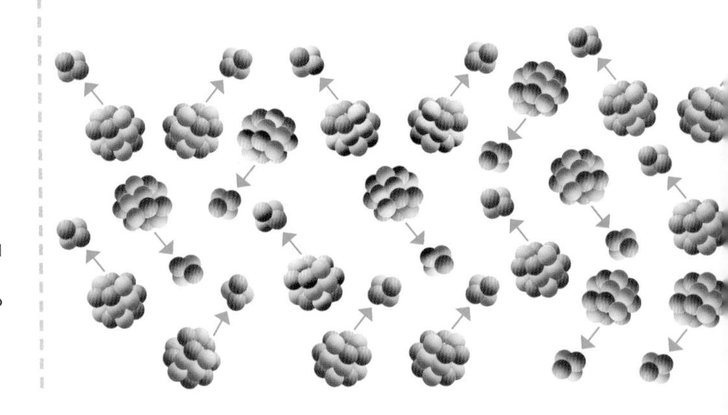

名字被作为单位名称的人
安东尼·亨利·贝可勒尔

（1852—1908年）法国物理学家、化学家。从他的祖父到他的儿子，家族四代都是法国著名物理学家。贝可勒尔于1896年发现了铀的放射线，1903年与居里夫妇共同获得诺贝尔物理学奖。1985年，人们把放射性活度的单位命名为贝可勒尔。

人体和食物中也有放射性物质

●人体中所含的放射性物质

物质	放射性活度
钾-40	4000 Bq
碳-14	2500 Bq
铷-87	500 Bq
铅-210和钋-210	20 Bq

※体重为60 kg的日本人的数据

●1 kg食物中的钾-40放射性活度

食物	活度	食物	活度	食物	活度
干香菇	700 Bq	菠菜	200 Bq	牛奶	50 Bq
茶叶	600 Bq	香蕉	100 Bq	大米	30 Bq
薯条	400 Bq	鱼/牛肉	100 Bq		

贝可勒尔与希沃特

●贝可勒尔是放射性活度的单位，不是表示人体受到射线影响的量的单位。射线的种类不同，其性质和穿透物体的能力也不同。因此，即使贝可勒尔的数值相同，不同种类的射线对人体的影响也会有很大的不同。于是，人们又发明了希沃特（Sv）这个单位，来表示人体被射线照射产生的伤害的量（有效剂量）。希沃特的1/1000为毫希沃特（mSv），毫希沃特的1/1000是微希沃特（μSv）。体检时接受的一次X射线（X线）检查会产生约0.06 mSv的有效剂量。

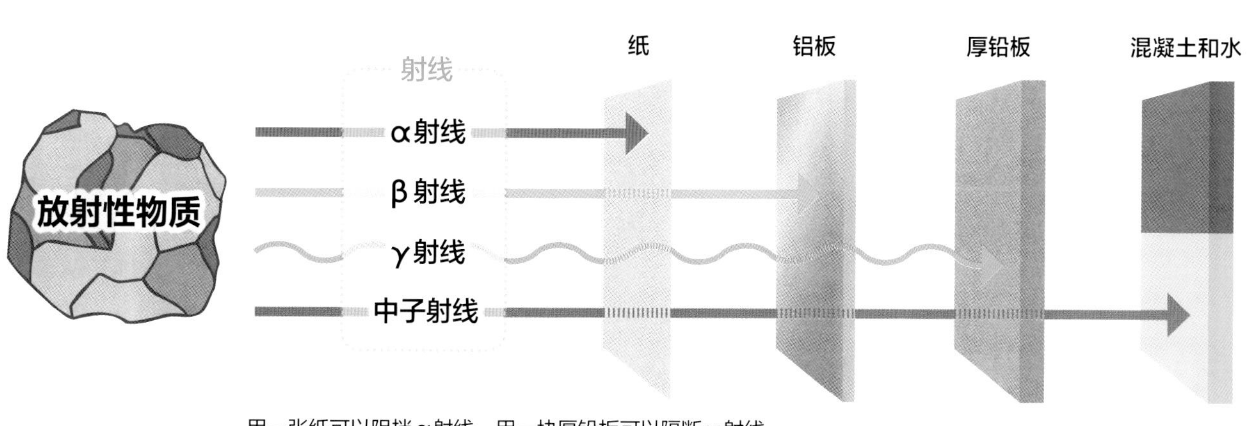

用一张纸可以阻挡α射线，用一块厚铅板可以隔断γ射线。
进行X线检查时的X射线属于γ射线。

拓展知识

大自然中的射线

射线并不只存在于特定的场所。如下图所示，在日常生活中，全球平均每人每年会接收到有效剂量约2.4 mSv的射线，它们来自宇宙、地表和食物等。

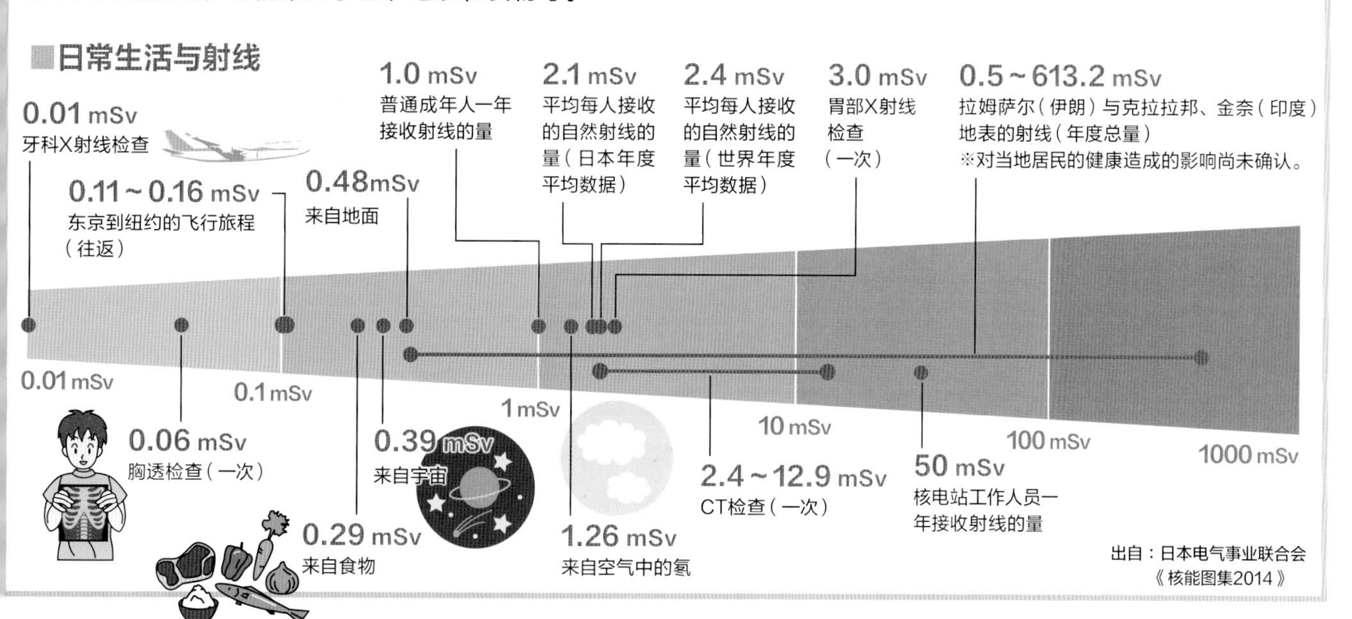

出自：日本电气事业联合会《核能图集2014》

杂学小课堂

表示微小数字的词头

杉树的花粉有多大？

在表示很小的东西的时候，用1 m为尺度的话往往很难表述，这个时候就要用厘（c）、毫（m）、微（μ）等词头。杉树花粉的直径大概有30 μm。1 μm是1 m的100万分之1，用肉眼是看不到的。

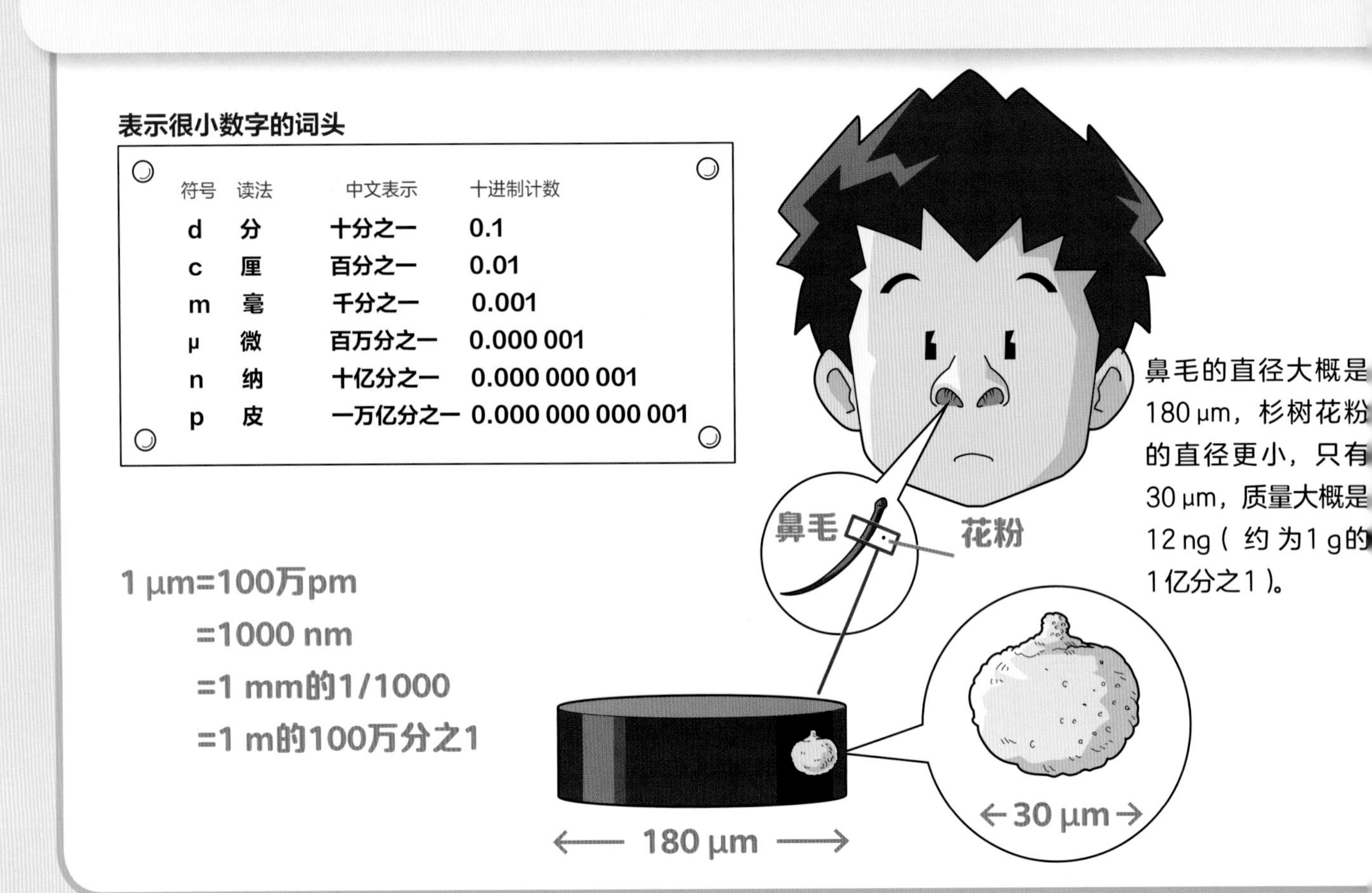

表示很小数字的词头

符号	读法	中文表示	十进制计数
d	分	十分之一	0.1
c	厘	百分之一	0.01
m	毫	千分之一	0.001
μ	微	百万分之一	0.000 001
n	纳	十亿分之一	0.000 000 001
p	皮	一万亿分之一	0.000 000 000 001

鼻毛的直径大概是180 μm，杉树花粉的直径更小，只有30 μm，质量大概是12 ng（约为1 g的1亿分之1）。

词 头分（d）来源于拉丁语“第十个（decimus）”一词，厘（c）来源于拉丁语的100（centum），毫（m）来源于拉丁语的1000（mile），微（μ）来源于希腊语的“微小（mikros）”一词，纳（n）来源于拉丁语的“矮人（nanus）”一词，皮（p）来源于拉丁语“锋利的尖（pico）”一词。

汉 字“微”也常常用来表示非常小的事物。比如微型车、微型芯片。

蜘 蛛网的丝的直径是5 μm（1 mm的5/1000）。它们虽然非常细，但具有特殊的韧性，不容易被扯断，被困住的猎物也很难动弹。

流 感病毒的直径在100 nm（1 mm的1万分之1）以下。为了不让这样微小的粒子进入口鼻，医用口罩上的微孔直径都会小于100 nm。

点是什么单位？

点是主要在美国和欧洲使用的单位，用来表示文字和图形的大小。

1 pt是在边长约1/72英寸（in）≈0.35 mm的正方形范围内书写的字的大小。

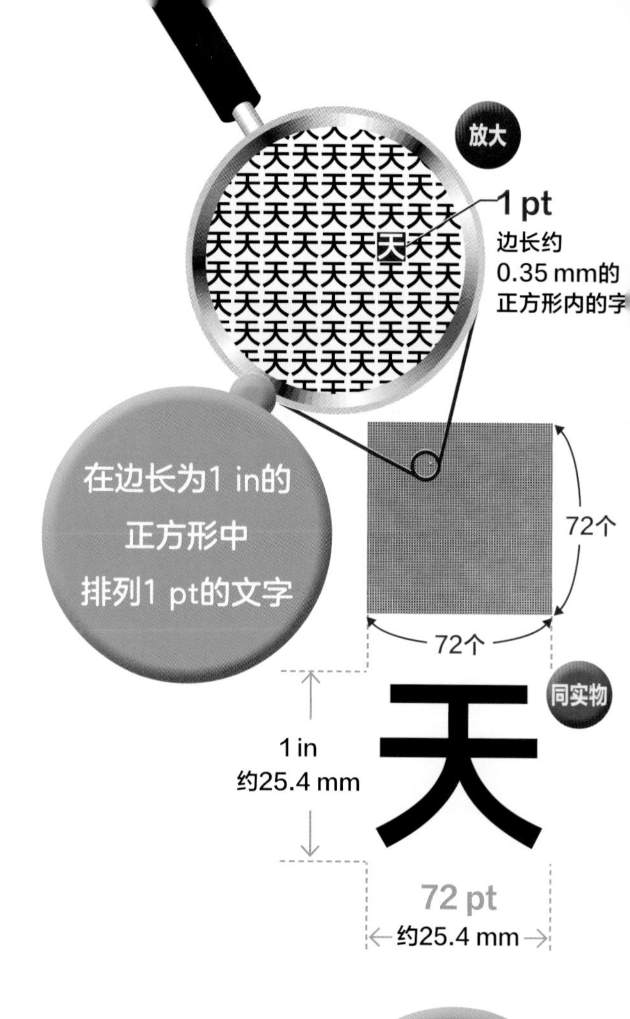

字 50 pt　字 42 pt　字 36 pt　字 30 pt　字 26 pt　字 22 pt

字 20 pt　字 18 pt　字 16 pt　字 14 pt　字 10.5 pt　字 7.5 pt　字 5.5 pt

不同的“点”之间的细微差距

●15世纪德国人约翰·古腾堡发明西方活字印刷术以来，欧洲制作了很多印刷用的文字（活字），不同地方制作的活字的大小也各不相同。因此，法国人皮埃尔·西蒙·富尼耶提出了一个想法：制订一个单位“点”，并以它为标准来规定活字的尺寸。后来，不同的标准相继出台，直到现在，仍有不同的“点”存在，虽然它们的名字相同，但实际上的尺寸是不同的。根据《日本工业标准（JIS）》*1的规定，日本采用的是美国式的“点”，但是在日本的电脑中，使用的是DTP*2式的“点”。

类型	发源地	1 pt的长度
富尼耶式	法国	0.348 8 mm
狄多式	法国	0.375 9 mm
美国式	美国	0.351 4 mm
DTP式	计算机	0.352 8 mm

用金属制作的活字字模

字 字

80 pt 60 pt

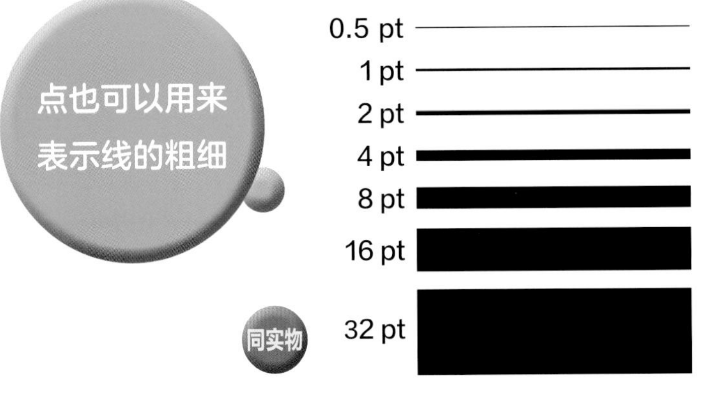

拓展知识

表示日本文字的尺寸的单位

日本的印刷专用单位包括“号数”和“级数”两种*3。号数表示凸版印刷中文字（活字）的大小，有“初号”到“八号”共9种。单位“级数”本来叫作“Q数”，在这种单位中，1级=边长为0.25 mm的正方形，0.25 mm就是1 mm的1/4（Quarter），而Quarter的首字母Q在日语中的发音和“级”相同，所以单位“Q数”就被叫作“级数”了。

在日本，1962年《日本工业标准（JIS）》制定后，活字的大小统一使用“点”为单位，但是“级数”到今天仍然还在使用。

号数、级数和DTP点的对应表

号数	级数	DTP点
初号	62级	42 pt
一号	38级	26 pt
二号	32级	22 pt
三号	24级	16 pt
四号	20级	14 pt
五号	15级	10.5 pt
	14级	10 pt
	13级	9 pt
	12级	8 pt
六号	11级	7.5 pt
七号	8 级	5.5 pt

下图为照相排版（利用照相的原理，把文字印刷在纸面上）文字盘。在日本，照相排版被发明后，级数也开始作为单位被使用。

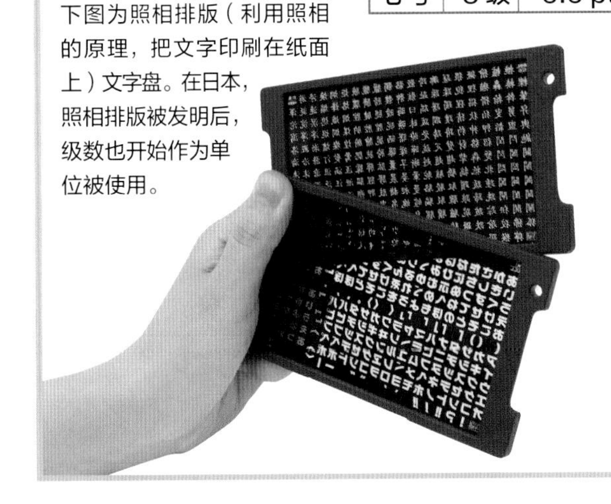

*1 中国的相关标准（印刷行业）中规定1 pt=1/72英寸，约0.352 8 mm，即采用DTP式的“点”。——编者注

*2 DTP全称为Desk Top Publishing（桌面出版系统）。——编者注

*3 在中国的印刷行业中，字的大小以号制单位为主，点制单位为辅，并不使用级制单位。号数与点数的对应关系与表中相同。除表中所列数据外，另有小初号=36 pt，小一号=24 pt，小二号=18 pt，小三号=15 pt，小四号=12 pt，小五号=9 pt，小六号=6.5 pt，八号=5 pt。——编者注

dpi是什么单位?

dpi是表示电子图像分辨率的单位。dpi的数值表示的是1英寸长（1 in=25.4 mm）的线上分布了多少个点。1 dpi表示1 in上有一个点。

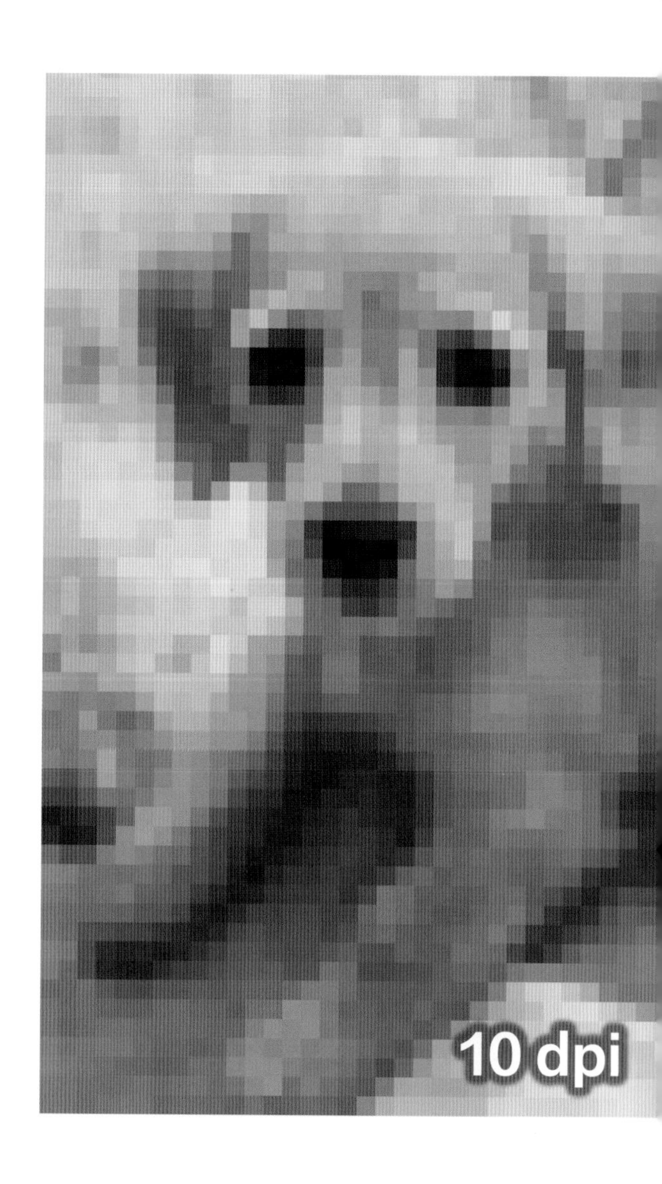

1 dpi

平均1 in
1个点

1 dpi下，几乎什么都显示不出来。

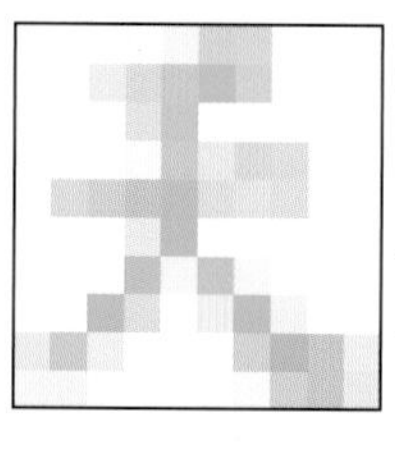

10 dpi

平均1 in
10个点

绿色的色点少（分辨率低），图像就会呈现锯齿状。

100 dpi

平均1 in
100个点

在同为1 in的范围内，分布的点越多，图像的形状就越清晰（分辨率越高）。

拓展知识

分辨率与像素数

一张图片中所含的点的总数叫作像素数。通常用“横向排列的个数 × 纵向排列的个数”来表示，得到的总数就是像素数（例如：3000 × 2000=600万像素）。如上方小狗的图片，同样面积的图片，像素数越大，分布的点就越多，图片的分辨率就越高。

横向排列的个数
纵向排列的个数
点

横向排列的个数×纵向排列的个数=像素数

● dpi是“dots per inch（每1英寸上的点）”的缩写。1 in中的色点越多，图像越清晰，图片的分辨率也就越高。

● 有时也会用到和“点”意思相近的“像素（pixel）”这个词，它是由“picture element”或“picture cell”（picture是“照片、图像”的意思，element是“要素”的意思，cell是“细胞”或“蜂房”的意思）变化而来的。

拓展知识

分辨率与数据量

如果把方格纸中的方格涂上不同的颜色，那么方格越大，图像边缘的棱角就越明显；方格越小，棱角就越不明显。而且方格越小，方格的数量就越多。如果把方格当作点来看的话，像素数越高，分辨率就越高，但是这需要更多的点，也就会产生更大的数据量。

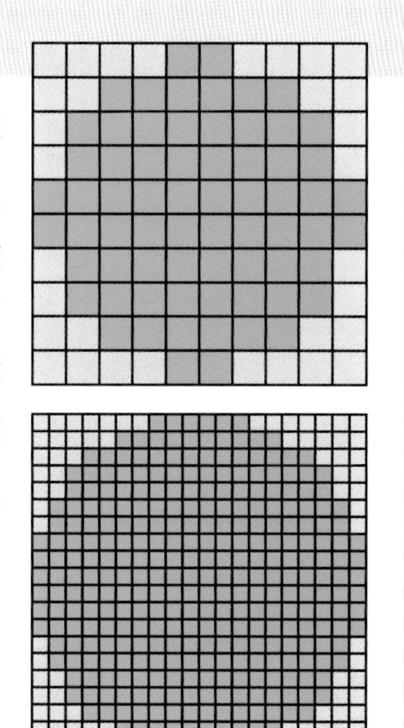

小知识

数码相机的像素数与画质的关系

我们经常能看到“1000万像素”这样的数码相机广告。但是，并不一定是像素数越高，画质就越高。画质的高低不只由像素数高低决定，颜色的再现及颜色与亮度能否自然流畅地表现出来也非常重要，这些都与相机的性能有很大关系。用数码相机拍摄的照片，如果放在电脑上使用仅需200万像素，印刷在明信片上的话需要400万像素，特殊的场合需要800万像素或更高。

字节是什么单位？

在计算机领域中，我们会经常遇到“字节（B）”这个单位。1 B=8比特（bit）。字节是计算机领域中用来计量存储容量的单位，1个字节等于8位二进制数。

1 bit?

●在计算机的世界里，用0和1两个数字的组合就可以表示所有的信息。1 bit指一个0或1。比如，10100100这样一个8位的数字，是由5个0和3个1组成的，因此它可以被称为8 bit，也叫作1 B。8 bit（1 B）的数字如下所示。

0	0	0	0	0	0	0	0
0	0	0	0	0	0	0	1
0	0	0	0	0	0	1	0
0	0	0	0	0	0	1	1
⋮							
1	1	1	1	1	1	0	1
1	1	1	1	1	1	1	0
1	1	1	1	1	1	1	1

与0、1、2、3、4、5、6、7、8、9这样的普通数字（十进制）不同，这些数字中只有0和1。普通的十进制数字从小到大排列的话，0之后是1，1之后2，2之后是3……9之后是两位数10。但是二进制数的1之后不是2，而是10（1和0的排列）。

700 MB的光盘

●700 MB中的“M（兆）”是表示100万倍的词头（→第84页），700 MB意为可以储存700B×100万=7亿B的数据。剑桥大学出版的英英词典约1000万字，一张700 MB的光盘大约可以储存70本。

字母向二进制数的转换

●计算机是在美国发明的，美国使用的语言是英语，只需大小写字母各26个和少量的符号就可以写成文章。把字母A～E转化成8位数字后将如下所示。

英语

字母	二进制
A	01000001
B	01000010
C	01000011
D	01000100
E	01000101

FGH……

拓展知识

音频和视频的大小

不仅是文字，音频、图像和视频在计算机中也是转化成0和1的组合后被储存的。由于音频、图像和视频的信息量比较多，字节数也很大，为了能够保存更多的信息，用来储存它们的CD、DVD、数码相机的存储卡及移动硬盘等一般都有很大的容量，如“×MB”“×GB”或“×TB”，其中M是表示100万倍的词头，G是表示10亿倍的词头，T是表示1万亿倍的词头（→第84页）。

小知识

计算机上电源开关的符号

仔细观察一下，你会发现计算机上的电源开关的符号是用二进制数中的0和1组合而成的。

杂学小课堂

表示巨大数字的词头

1 GB硬盘的容量有多大?

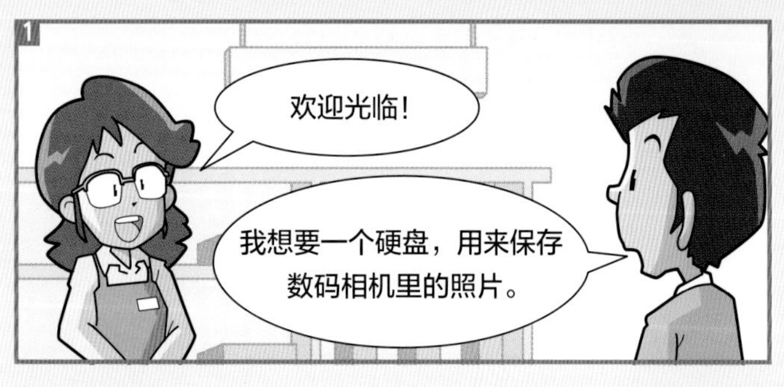

表示位数很高的数字的时候，可以用千（k）、兆（M）、吉（G）、太（T）等词头。1 GB是指1 000 000 000 B，但是后一种表示方式中位数太多了，所以省略表示为1 GB更方便。

表示巨大数字的词头

符号	英文名称	中文名称	十进制数表示
da	deca	十	10
h	hecto	百	100
k	kilo	千	1000
M	mega	兆	1000 000
G	giga	吉［咖］	1000 000 000
T	tera	太［拉］	1000 000 000 000
P	peta	拍［它］	1000 000 000 000 000
E	exa	艾［可萨］	1000 000 000 000 000 000
Z	zetta	泽［它］	1000 000 000 000 000 000 000
Y	yotta	尧［它］	1000 000 000 000 000 000 000 000

1 GB=1000 MB
=1 000 000 kB
=1 000 000 000 B*

* 硬盘、闪存、CD等存储器的制造商用十进制而不是二进制来计算容量。 ——编者注

从表中可以看出，从“千（k）”开始，数值都是以1000倍的间隔增加的。

十（da）来源于希腊语deka，意思就是数字10；百（h）来源于希腊语hekaton，意思就是数字100；千（k）来源于希腊语khilioi，意思就是数字1000。它们的符号都取自单词的首字母。兆（M）源于希腊语megas，意为“巨大”；吉（G）来源于希腊语gigas，意为“巨人”；太（T）来源于希腊语teras，意为“怪兽”。

在日本，“兆”和“吉”经常被用来形容巨大的事物。日本的麦当劳有一种特别大的汉堡叫作“兆汉堡（Mega Mac）”，大份儿的饭菜可以说成“兆份儿”，有一种货车的名字就叫作“吉（giga）”。

尧汉堡

拍（P）、艾（E）分别是希腊语中的第五次、第六次的意思；泽（Z）、尧（Y）分别是意大利语中第七次、第八次的意思。也就是说，1000的5次方为拍（P），6次方为艾（E），7次方为泽（Z），8次方为尧（Y）。

神秘的十人刑警*

表示100倍的百（h）和表示10倍的十（da）这两个词头在日常生活中也经常使用。比如表示气压和压强的单位“百帕（hectopascal）”，以及田径运动中的“十项全能（decathlon）”。

* 在日本明治时代，“刑警”在一些暗语中被叫作“デカ（deca）”，与表示10的词头deca同音。——译者注

地球到月球的距离约38.4万km，即384 Mm。1光年约为94 600亿km，也可以写作9.46 Pm。人类居住的银河系的直径约为10万光年，也就是约1 Zm。

索 引

R，S

T，W，X

Y，Z

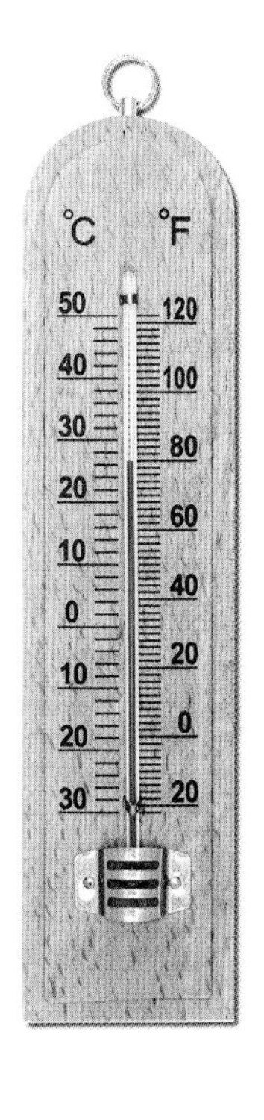

主编 / 丸山一彦

1970年出生于日本三重县。日本成城大学经济学院经济学博士，曾任成城大学经济研究所研究员、日本明治大学理工学院讲师、日本富山短期大学经营情报系教授，现任日本和光大学经济学院工商管理系副教授。研究领域涉及创新设计、新产品开发管理、市场战略、购买行为分析等。著有《顾客满意经营战略与商品开发理论——针对消费品的方法论和构架》(日本Fukuro出版社)、《质量保证指南(新版)》(日本日科技连出版社)等。

插画 / 荒贺贤二

1973年生于日本琦玉县，曾先后任职于装潢设计公司、童书设计公司。2001年成为自由插画师，开始从事插画和绘本创作的工作。其著作有《最好懂的电力科学书》(日本白杨社)、绘本《预备——跑》(日本少年写真新闻社)、《身边的科学》(日本东京书籍株式会社)、绘本《超级轮椅》(日本棒球杂志社)。

策划 · 编写 / 儿童俱乐部

(设计 / 稻叶茂胜，编辑 / 二宫祐子、古川裕子)

儿童俱乐部主要从事儿童书籍的策划和编辑，主要涉及儿童游戏、教育和福利领域。代表作有《宝宝看图学英语图鉴》《小学英语图鉴》《身边的科学》(以上3种由日本东京书籍株式会社出版)，《日本的工业》《自然灾害的认识和预防》(以上2种由日本岩崎书店出版)，《历史实物大图鉴》《汽车大全图鉴》《poplardia大图鉴WONDA铁路》(以上3种由日本白杨社出版)。每年策划编辑的图书达100余册。

网址：http://www.imajinsha.co.jp

摄影合作(中文名中无特别说明的均为日本的公民、公司、学校等)

赤羽小学、美国保龄球服务股份(有限)公司、
荒木一成、EM玉城牧场牛奶、五十铃汽车株式会社、
株式会社内田洋行、宇和岛市观光协会、片山苍士、
黑世小学、产业技术综合研究所、夏普株式会社、
信息通信研究机构、田中贵金属工业株式会社、
东芝未来科学馆、砺波市教育委员会、丰田汽车株式会社、
中嶋彩来、西体育株式会社、日产汽车株式会社、
日本邮船株式会社、松下株式会社、PIXTA株式会社、
法拉利日本、本田技研工业株式会社、马自达株式会社、
日本教育部、雅马哈发动机株式会社、
乐雅乐家庭餐厅株式会社、
阪神 · 淡路大地震纪念 人类与防灾展览中心、褚塚小学
everett225、Georgios Kollidas、Ryan Staab
©Ilya Postnikov / © Konstantinpetkov /
© Michael Adams / © Petr Malyshev /
© Steve Skinner - Dreamstime.com
©Aleksey Butov / ©auremar / ©Creativa /
©Dreaming Andy / ©ermess / ©fpdress / ©gekaskr /
©Glenda Powers / ©goce risteski / ©iagodina /
©LH / ©Lsantilli / ©mariusz szczygieł / ©Max Topchii /
©Moreno Novello / ©naka / ©paylessimages /
©photoroom / ©pluto73 / ©radeon6700 / ©sorapop /
©teptong / ©V.RUMI - Fotolia.com
©andreykuzmin / ©edella /
©Visions Of America LLC-123RF.COM

图书在版编目(CIP)数据

万物的尺度：看得见的单位 / (日)丸山一彦主编；日本儿童俱乐部编写；高倩译；浪花朵朵编译. -- 福州：海峡书局，2022.9(2024.6重印)
ISBN 978-7-5567-0997-7

Ⅰ. ①万… Ⅱ. ①丸… ②日… ③高… ④浪… Ⅲ. ①计量单位－普及读物 Ⅳ. ① TB91-49

中国版本图书馆 CIP 数据核字 (2022) 第 117922 号

出 版 人：林彬
选题策划：北京浪花朵朵文化传播有限公司
出版统筹：吴兴元　　编辑统筹：冉华蓉
责任编辑：廖飞琴　潘明劼　　特约编辑：彭鹏
营销推广：ONEBOOK　　装帧制造：墨白空间 · 闫献龙

万物的尺度：看得见的单位
WANWU DE CHIDU: KANDEJIAN DE DANWEI

主　　编：[日]丸山一彦　　编　　写：日本儿童俱乐部
译　　者：高倩　　编　　译：浪花朵朵
出版发行：海峡书局
地　　址：福州市白马中路 15 号海峡出版发行集团 2 楼
邮　　编：350004
印　　刷：北京盛通印刷股份有限公司
开　　本：889 毫米 ×1250 毫米 1/16
印　　张：5.5　　字 数：100 千字
版　　次：2022 年 9 月第 1 版
印　　次：2024 年 6 月第 7 次印刷
书　　号：ISBN 978-7-5567-0997-7
定　　价：72.00 元

读者服务：reader@hinabook.com 188-1142-1266
投稿服务：onebook@hinabook.com 133-6631-2326
直销服务：buy@hinabook.com 133-6657-3072
官方微博：@浪花朵朵童书